计算机应用与职业技术实训系列

中文

CorelDRAW X4

图形制作实训教程

孙洪顺 编

西北工业大学出版社

【内容提要】本书为计算机应用与职业技术实训系列教材之一，主要内容包括 CorelDRAW X4 概述、CorelDRAW X4 的基本操作、线条的绘制与编辑、图形的绘制与编辑、对象的操作、对象的变形、色彩的填充与编辑、文本的编辑、应用特殊效果、位图的编辑以及打印输出，最后结合实例介绍了 CorelDRAW X4 的强大功能。

本书通俗易懂，操作步骤叙述详细，既可作为 CorelDRAW 培训教材，也可供平面设计专业人员和计算机爱好者参考。

图书在版编目（CIP）数据

中文 CorelDRAW X4 图形制作实训教程/孙洪顺编．—西安：西北工业大学出版社，2009.1
（计算机应用与职业技术实训系列）
ISBN 978-7-5612-2500-4

Ⅰ．中…　　Ⅱ．孙…　　Ⅲ．图形软件，CorelDRAW X4—技术培训—教材　　Ⅳ．TP391.41

中国版本图书馆 CIP 数据核字（2008）第 196097 号

出版发行：西北工业大学出版社
通信地址：西安市友谊西路 127 号　　　　　邮编：710072
电　　话：（029）88493844　88491757
网　　址：www.nwpup.com
电子邮箱：computer@nwpup.com
印 刷 者：陕西宝石兰印务有限责任公司
印　　张：13
字　　数：344 千字
开　　本：787 mm×1 092 mm　　1/16
版　　次：2009 年 1 月第 1 版　　2009 年 1 月第 1 次印刷
定　　价：22.00 元

前 言

计算机的日益普及，极大地改变了人们的工作和生活方式，越来越多的人在积极学习计算机知识，掌握相关软件的使用方法，努力与现代社会同步。其中更多的人学习计算机知识是为了进一步提高自身的职业能力和职业素质，以适应激烈的市场竞争和就业竞争。为了满足读者的实际需求，我们精心编写了这套 **"计算机应用与职业技术实训系列"** 教材。

本系列教材真正从便于广大读者学习计算机知识的目的出发，根据国家教育部最新颁布的计算机教学大纲及人事部、信息产业部、劳动和社会保障部对计算机职业技能培训的要求，结合作者多年的教学实践经验，在听取了广大计算机初学者的意见和建议的基础上编写而成。全套书**突出为职业教育量身定制的特色，满足就业技能的培训要求，以工作任务为导向，以培养职业能力为核心，以工作实践为目的**。在理论与实践紧密结合的基础上进一步把内容做 **"精"**，把形式做 **"活"**，既利于教师上课教学，又便于读者理解掌握，使读者用最少的时间和金钱去获得最多的知识，并能真正地应用于实际工作中。

本书内容

CorelDRAW X4 是 Corel 公司推出的一款使用广泛、功能强大的图形制作软件，它的成功之处在于其操作界面的简单灵活和功能的不断完善。CorelDRAW 的每一个新版本与前一版本相比，都有非常大的改进，但自始至终都朝着操作简单和功能完善的方向发展。并且，在界面基本保持不变的情况下，对许多菜单命令、工具按钮和面板组件等进行整合，使界面更加简洁和一致，因而被广泛应用在绘图和美术创作领域，以及专业图形设计、广告创作、书刊排版、名片设计等应用领域。

本书共分 12 章。第 1 章主要介绍了 CorelDRAW X4 的基础知识，即 CorelDRAW X4 的软件功能、工作界面以及图形图像的基本概念等；第 2 章介绍了 CorelDRAW X4 的基本操作，即页面设置、视图设置以及 CorelDRAW X4 的辅助工具；第 3 章介绍了线条的绘制与编辑；第 4 章介绍了图形的绘制与编辑；第 5 章介绍了对象的操作；第 6 章介绍了对象的变形；第 7 章介绍了色彩的填充与编辑；第 8 章介绍了文本的编辑；第 9 章介绍了应用特殊效果；第 10 章介绍了位图的编辑；第 11 章介绍了打印输出；第 12 章是实例精解。

特色展示

☑ 完整的教学体系和规范的课程安排，切合职业培训需要

本书是一本体系完整的计算机职业培训教材，选材全面，编排讲究，适合作为计算机

职业应用教学用书，也可作为各大中专院校计算机相关专业教材，还可作为计算机爱好者的自学用书。

☑ **实例驱动的教学模式，紧扣教学需求**

本书将实用易学的实例贯穿于各个章节，不但可以调动读者的兴趣，而且能够最大限度地锻炼读者的实际动手能力。

☑ **图像解说的写作手法，便于学习掌握**

本书以活泼直观的图解方式来代替呆板的文字说明，使读者真正实现直观地学习，使学习的过程更加轻松有效。

☑ **结构设置合理，利于读者实践**

本书从最基础的理论知识讲起，在各章都附有重点提示，让读者有针对性地学习本章内容。同时在重点知识的讲解过程中配以"注意""提示""技巧"等精彩点拨，帮助读者更加准确地完成操作。

☑ **免费提供电子课件，活跃教学氛围**

为了方便教师开展教学活动，提高教学效果，我们将为教师免费提供与教材配套的电子课件及相关素材。

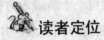 **读者定位**

☑ 需要接受计算机职业技能培训的读者
☑ 全国各大中专院校相关专业的师生
☑ 计算机初、中级用户

由于编者水平有限，疏漏之处在所难免，敬请读者朋友批评指正。

编　者

目 录

第 1 章　CorelDRAW X4 概述

CorelDRAW X4 是 Corel 公司推出的用于绘制矢量图形的应用软件，它不仅仅是矢量图形创作处理软件，还是一个大型的工具软件包，因此它是专业美术设计师的首选绘图软件之一。

本章重点

（1）CorelDRAW X4 的简介。
（2）CorelDRAW 的基本功能。
（3）CorelDRAW X4 的工作界面。
（4）图形图像的基本概念。

1.1　CorelDRAW X4 的简介

CorelDRAW 是可以在 Windows 95/98/2000/XP 或 Windows NT 操作系统下运行的图形图像创作处理软件，经过多年的发展由 CorelDRAW 1.01 版发展到现在最新的版本 CorelDRAW X4，它集绘画、设计、制作、合成和输出等多项功能为一体，广泛应用在广告设计、封面设计、商标设计等领域。

Corel 公司的图形软件套装一直都是同类型产品中最受欢迎的软件之一，其中包含 CorelDRAW，Corel PHOTO-PAINT 和 Corel TRACE 等一系列程序，足以满足矢量制图、图像编辑以及动画制作等方面的需求。自 CorelDRAW 问世以来，就以其强大的功能、简洁的界面和方便的使用赢得了全球平面图形图像设计人员的喜爱。

CorelDRAW X4 具有出众的整合性和易用性，它的操作比以前的版本更加简便，图形处理功能更加强大，而且节约了时间。它集设计、绘画、制作、编辑、合成、高品质输出、网页制作与发布等功能于一体，无论是专业的图像设计师还是小型商业、企业用户，都可以使用 CorelDRAW X4 进行任意的设计。

1.1.1　CorelDRAW X4 的新增功能

（1）新的启动界面，相比 X3，简洁而又不失专业。

（2）在 CorelDRAW X4 中界面相比以前有了很大的改进，工具条的预览方式也从原来的横式改成了竖式，图标的设计更显科学化和人性化。

（3）新的文本格式实时预览功能。当选择不同的字体和执行一些文本格式时，X4 会自动把段落文本中的字体预览成将要选择的字体和将要执行的文本效果。这一新增的特性可以大大方便选择不同的字体效果，从而提高工作效率。

（4）新的字体识别功能。当有不认识的字体时，可以选择 `文本 (T)` → `这是什么字体？(W)…` 命令，这时候系统光标会发生改变，拖动光标框选不认识的字体，然后旁边会出现一个"√"，单击它之后，CorelDRAW X4 会自动联网，打开相关网页，搜索并显示寻找到的字体类型。

（5）新的矫正图像功能。这个新增的命令主要用来矫正图像的垂直度和水平度。

（6）新增的表格制作工具。在左侧的工具箱中可以找到这个全新的工具，通过表格工具属性栏和表格菜单命令，可以很方便地对表格进行行和列的调整、文字的编排、表格边框的编辑，甚至还可以将图片插入到表格当中等。

（7）新增的优化功能。通过优化 CorelDRAW X4 中的一些选项，可以大大提升 CorelDRAW 的运行速度。

1.1.2　CorelDRAW X4 的系统要求

CorelDRAW X4 可在 Windows XP 或 Windows Vista 操作系统下运行，它对系统的配置要求如下：

（1）CPU：奔腾 133 以上的配置。

（2）内存：256 MB 以上的配置。

（3）分辨率：800pix×600pix 以上的配置。

（4）硬盘：250 MB 以上的配置。

1.2　CorelDRAW 的基本功能

CorelDRAW 是一个用于图形图像创作的软件，其基本功能介绍如下：

（1）绘制与处理矢量图：CorelDRAW 是主要绘制矢量图的软件，它能够利用其自身的图形工具绘制出各种图形，如图 1.2.1 所示，并可对其进行布尔、镜像等操作。对于已绘制好的矢量图，它可以对其进行各种效果处理。

图 1.2.1　绘制矢量图

（2）处理位图：CorelDRAW 在位图处理方面的功能也非常强大，它不仅可以直接处理位图，还能对位图进行滤镜操作，如图 1.2.2 所示。

图 1.2.2　对位图进行滤镜操作的效果

（3）处理文字：CorelDRAW 可以对单个文字或整段文字进行编辑。

（4）网络功能：CorelDRAW 还具有网络功能，可创建超链接或将段落文本转换为网络文本等。

1.3　CorelDRAW X4 的工作界面

在进入 CorelDRAW X4 之前首先要启动 CorelDRAW X4 的应用程序，启动后即可呈现 CorelDRAW X4 的界面。

1.3.1　启动与退出 CorelDRAW X4

启动 CorelDRAW X4 的方法有以下两种：

（1）双击桌面上的"CorelDRAW X4"图标。

（2）选择 开始 → 程序(P) → CorelDRAW Graphics Suite X4 → CorelDRAW X4 命令。

退出 CorelDRAW X4 的方法有以下 3 种：

（1）单击标题栏右侧的"关闭"按钮 ✕。

（2）按"Alt＋F4"键。

（3）选择 文件(F) → 退出(X) 命令。

1.3.2　CorelDRAW X4 的工作界面

打开 CorelDRAW X4 后，呈现在屏幕上的是一个基本的工作界面，如图 1.3.1 所示，CorelDRAW X4 所有的绘图工作都是在这里完成的。熟悉其工作界面是学习 CorelDRAW X4 绘图制作的基础。

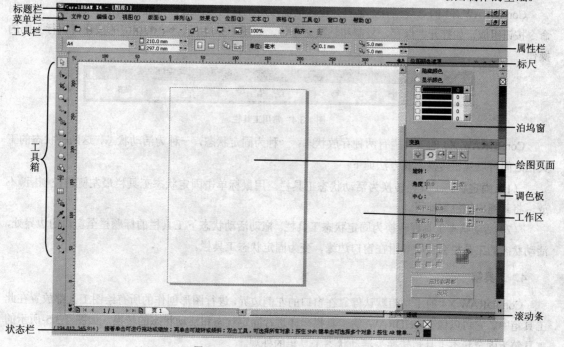

图 1.3.1　CorelDRAW X4 的工作界面

1. 标题栏

标题栏位于窗口的顶部，其外观如图 1.3.2 所示，其左侧显示了当前文件的名称，右侧有 3 个按钮，分别为"最小化"按钮 ▃，"最大化"按钮 ▢（或"还原"按钮 ▣）和"关闭"按钮 ✕，分别可用于将窗口缩小至任务栏、放大至整个窗口（或将其还原至原来的大小）和关闭整个窗口。

```
CorelDRAW X4 - [图形1]
```

图 1.3.2　标题栏

2. 菜单栏

CorelDRAW X4 的主要功能都可以通过其菜单栏实现，它有 文件(F)、编辑(E)、视图(V)、版面(L)、排列(A)、效果(C)、位图(B)、文本(T)、表格(T)、工具(O)、窗口(W) 和 帮助(H) 12 类菜单，如图 1.3.3 所示。每个菜单下都有不同的菜单项，利用这些菜单项可执行不同的操作。

文件(F)　编辑(E)　视图(V)　版面(L)　排列(A)　效果(C)　位图(B)　文本(T)　表格(T)　工具(O)　窗口(W)　帮助(H)

图 1.3.3　菜单栏

 菜单的使用有以下几个规则：

（1）菜单项后带有黑色三角符号▶的表示该菜单项后面还有下一级子菜单。

（2）菜单项后带有 ┅，表示选择该菜单项将会弹出一个对话框。

（3）菜单项呈浅灰色表示当前状态下该菜单项不可用。

（4）单击鼠标右键弹出的菜单被称做快捷菜单。

3. 工具栏

CorelDRAW X4 的工具栏有许多种，在这里以常用工具栏为例进行讲解。常用工具栏由一些常用命令按钮组成，如打开、保存、复制和粘贴命令等，如图 1.3.4 所示。单击相应的按钮可执行不同的操作。

图 1.3.4　常用工具栏

CorelDRAW X4 的工具栏有两种存放状态：一种为固定状态，一种为活动状态，这两种状态的工具栏之间可以互相转换。其方法如下：

（1）固定状态工具栏转换为活动状态工具栏。用鼠标单击固定状态工具栏最左侧的控制柄 ┃ 不放，将其拖出该位置即可。

（2）活动状态工具栏转换为固定状态工具栏。拖动活动状态下工具栏的标题栏至窗口的边界处，活动状态的工具栏会自动吸附在窗口边缘，变为固定状态工具栏。

4. 工具箱

CorelDRAW X4 的工具箱默认停靠在窗口的左侧边界，进行图形创作的所有绘图工具都放置在此工具箱中。它可以像 CorelDRAW 的工具栏一样进行固定状态和活动状态的转换，如图 1.3.5 所示的工具箱为固定状态工具箱转换为活动状态工具箱的外观。

图 1.3.5　工具箱

注意 CorelDRAW X4 的工具箱中的某些工具按钮下有黑色小三角符号,单击该三角符号,可打开同一类型的工具按钮,如图 1.3.6 所示。

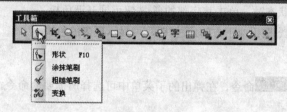

图 1.3.6　工具箱

5. 属性栏

CorelDRAW X4 的属性栏可根据当前绘图选取工具的不同而变化,每个工具对应着不同的属性栏,在不同的属性栏上具有不同的图标按钮和选项,如图 1.3.7 所示为椭圆形工具属性栏。

图 1.3.7　椭圆形工具属性栏

若需要显示或隐藏属性栏,可在系统菜单下面单击鼠标右键,在弹出的快捷菜单中选择 属性栏 命令,如图 1.3.8 所示。

6. 调色板

默认状态下,调色板位于 CorelDRAW X4 窗口的右侧,也可将其转换为活动状态,如图 1.3.9 所示。使用调色板添加颜色是对图形对象添加颜色最快的方法。

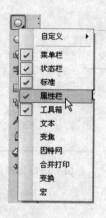

图 1.3.8　快捷菜单　　　　　图 1.3.9　调色板

填充图形对象的内部颜色的方法如下:

(1)选择需要填充颜色的图形对象。

(2)在调色板需要填充的色块上单击鼠标左键即可。

填充图形对象轮廓的颜色方法如下：

（1）选择需要填充颜色的图形对象。

（2）在调色板需要填充的色块上单击鼠标右键即可。

删除图形对象的内部颜色或轮廓颜色方法如下：

（1）选择需要删除颜色的图形对象。

（2）在调色板上方的 ⊠ 按钮上单击鼠标左键或右键。

当调色板处于默认状态时，单击其底部的 ◧ 按钮可展开调色板。

单击调色板上方的 ▲ 按钮或下方的 ▼ 按钮，可显示更多的色块。

7. 泊坞窗

选择 窗口(W) → 泊坞窗(D) 命令，在弹出的子菜单中可选择所需要的命令，如图 1.3.10 所示，可显示与隐藏泊坞窗。

CorelDRAW 中的泊坞窗相当于 Photoshop 中的控制面板，它能够将有限的工作空间合理地利用，它实际上就是一个集各种操作按钮、菜单和列表为一体的操作面板。

> **注意** 关闭泊坞窗还可以单击需要关闭的面板右上角的"关闭"按钮 ⊠ 即可。

8. 绘图页面

绘图页面是位于工作窗口中间位置的矩形区域，如图 1.3.11 所示，可在此进行图形绘制和编辑等操作。

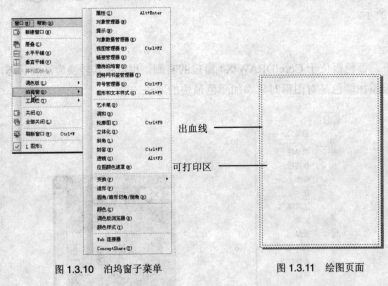

图 1.3.10　泊坞窗子菜单　　　　　　　　　　图 1.3.11　绘图页面

9. 状态栏

状态栏位于窗口的最底部，如图 1.3.12 所示，它提示了当前操作的简要帮助信息和选取对象的各项资料。

| 宽度：75.352 高度：69.130 中心：(92.211, 146.426) 毫米 | 椭圆形 于 图层 1 | ◇ ■ 洋红 |
| (113.296, 134.674) 双击工具可打开工具箱选项；按住 Ctrl 键拖动可限制为图形；按住 Shift 键拖动可从中心绘制 | | △ ■ 黑 .200 毫米 |

图 1.3.12　状态栏

1.4 图形图像的基本概念

CorelDRAW 是创作矢量图形的软件，在进行图形图像创作时，要了解一些图形图像方面的基本知识，这将有助于以后的学习。

1.4.1 矢量图与位图

矢量图也称为面向对象绘图，它是由数学方式描述的一系列线条和色块组成的，如图 1.4.1 所示，它在计算机中以一系列的数值表示。矢量文件中的图形被称为对象，每个对象都是一个相对独立的实体，它有自己的属性，如颜色、形状、轮廓、大小、屏幕位置等。

矢量图的主要特点如下：

（1）对其进行放大、缩小等操作时其清晰度保持不变，如图 1.4.2 所示。

（2）矢量图文件占用存储空间都比较小。

图 1.4.1　矢量图　　　　　　　　　　图 1.4.2　矢量图放大的效果

位图又称点阵图，放大位图可看到它是由一个个独立的像素组成的，如图 1.4.3 所示。像素是构成图像的最小单位。

位图的主要特点如下：

（1）放大位图可使其清晰度下降。

（2）位图输入的质量与其分辨率有关，分辨率是指一个图像文件中包含颜色信息的多少。

（3）位图文件占用存储空间较大。

图 1.4.3　位图图像放大的效果

1.4.2 色彩模式

CorelDRAW X4 可以支持很多色彩模式，但是 RGB 模式和 CMYK 模式最为常用，不同的色彩模式具有不同的颜色表示方法。

RGB 模式是利用光谱三原色，即红、绿和蓝按不同的比例和强度混合生成颜色的原理来表示颜色的。其中 R 代表红色，G 代表绿色，B 代表蓝色，一般 RGB 模式只用于屏幕显示，不用于印刷。

CMYK 模式是利用印刷色按不同比例和强度混合生成颜色的原理来表示颜色的，其中 C 代表青色，M 代表洋红，Y 代表黄色和 K 代表黑色，CMYK 模式一般用于印刷。

1.4.3 文件的格式

对于已完成的图像，需要将其保存起来，在存储的时候需要设置文件的格式，每种格式都有其不同的特点。

（1）CDR 格式是 CorelDRAW 的专用格式，它只能在 CorelDRAW 中打开。

（2）PSD 格式是 Photoshop 的专用格式，它是唯一支持所有色彩模式的格式，它可以保存图像的许多细节，所以 PSD 格式文件非常大。

（3）JPEG 格式是一种有损压缩方式存储图像的格式，它支持 RGB，CMYK 等模式，占用磁盘空间比较小，可用于网络传输。

（4）GIF 格式是一种高压缩率的文件格式，占用磁盘空间小，它可以支持动画和透明，可以用来制作具有动画效果的图像。

（5）BMP 格式是 Windows 中标准的图像文件格式，它出现时间最早，不支持 CMYK 模式和 Alpha 通道。

1.4.4 CorelDRAW 中常用的几个概念

（1）对象。工作区中编辑的所有图形都称为对象。

（2）属性。属性即对象的参数，例如宽高、大小、颜色等，不同对象有不同的属性。

（3）填充。CorelDRAW 中只有闭合曲线才能进行填充。填充可以是单一颜色、渐变色，也可以是图案等。

（4）轮廓线。轮廓线拥有粗细、笔触、颜色等属性，与对象不可分割，但 CorelDRAW 允许对象没有轮廓线。

（5）交互。交互是常用到的一个词，在 CorelDRAW 中，凡是以"交互"二字开头的工具都只需通过一些鼠标操作就可以立即对当前被选对象的属性样式进行更改。

（6）捕捉。捕捉是指在绘图时让光标沿网格、辅助线或对象精确定位，从而绘制精确图形。

小 结

本章主要讲解了 CorelDRAW X4 的界面和有关图形图像方面的基础知识，使用户对 CorelDRAW X4 有初步的了解，为以后深入学习 CorelDRAW 打好基础。

过关练习一

一、填空题

1. CorelDRAW 是_____公司开发的矢量图绘图软件。

2. 矢量图也称为_____，由数学方式描述的一系列线条和色块组成，它在计算机中是以一系列的数值表示的。

3. _____格式是 CorelDRAW 的专用格式，它只能在 CorelDRAW 中打开。

4. CorelDRAW 中常用的概念有对象、属性、填充、_____、_____和_____。

5. CorelDRAW 是创作_____的软件。

6. _____也叫面向对象绘图，它是以数字方式描述曲线。

7. CorelDRAW 中所用的调色板色彩是用_____值来定义的。

8. 新增的_____功能包含了两种类型：一种是_____，另一种是_____。使用此功能的前提是图形必须是_____的。

二、选择题

1. CorelDRAW 中可用的文件格式有（　　）。

    A．GIF 格式   B．PSD 格式

    C．JPEG 格式   D．CDR 格式

2. （　　）格式是 CorelDRAW 的专用格式。

    A．PSD   B．CDR

    C．BMP   D．AI

3. RGB 模式中的 R 代表（　　）。

    A．红色   B．蓝色

    C．绿色   D．黄色

4. 利用（　　）可以快速地选择轮廓色和填充色。

    A．调色板   B．泊坞窗

    C．状态栏   D．工具栏

5. 在 CorelDRAW 中所使用的（　　）色彩模式是打印与印刷系统常用的模式。

    A．RGB   B．CMYK

    C．HSB   D．Lab

三、问答题

1. 怎样将一个文件以不同的格式保存？

2. CorelDRAW X4 比 CorelDRAW X3 版本增加了哪些新功能？

3. CorelDRAW X4 工作界面主要由哪些部分组成，都具有什么样的功能？

4. 如何启动和退出 CorelDRAW X4？

5. 简述 CorelDRAW X4 工作界面的组成部分。

四、上机操作题

1. 缩放一幅位图和矢量图，并对比它们有什么不同。

2. 导入一张图片，练习使用 CorelDRAW X4 的辅助工具。

3. 将一个文件以不同的格式保存，并尝试用不同的色彩模式。

4. 练习设置出血线。

第 2 章　CorelDRAW X4 的基础操作

在学习 CorelDRAW X4 之前，首先需要对该软件的一些基础知识做一个初步的了解，例如 CorelDRAW 一些常用的基本操作、页面设置、视图设置和 CorelDRAW 的一些辅助设置，掌握这些内容可以提高读者的学习效率。

本章重点

（1）CorelDRAW X4 基本操作。

（2）页面设置。

（3）视图设置。

（4）窗口设置。

（5）CorelDRAW 的辅助工具。

2.1　CorelDRAW X4 基本操作

若要在 CorelDRAW X4 中自如地进行创作，必须掌握 CorelDRAW X4 的一些常用基本操作，例如建立新文件、打开已有的文件、撤销和返回等。

2.1.1　新建文件

在 CorelDRAW X4 中若要创建图形，必须新建文件。新建文件的方法有两种：一种是利用 [新建(N)] 命令新建文件；一种是从模板新建文件。

新建文件有两种情况：如果还未进入 CorelDRAW X4，先启动 CorelDRAW X4，在出现的欢迎界面中单击"新建"图标 即可；如果已进入 CorelDRAW X4，选择 [文件(F)] → [新建(N)] 命令即可。

2.1.2　打开文件

打开文件可以使用以下 3 种方法：

（1）单击标准工具栏中的"打开"按钮 ，在弹出的 [打开绘图] 对话框中选择需要打开的文件，单击 [打开] 按钮即可，如图 2.1.1 所示。

（2）选择 [文件(F)] → [打开(O)…]　　　Ctrl+O 命令，可在弹出的 [打开绘图] 对话框中打开所需的文件。

（3）启动 CorelDRAW X4 后在打开的欢迎界面中单击 [打开绘图…] 按钮，可在弹出的 [打开绘图] 对话框中打开所需的文件。

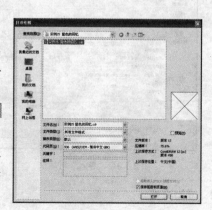

图 2.1.1　"打开绘图"对话框

2.1.3 保存文件

对于已经绘制或处理完成的文件，需要将其保存。保存有两种类型：一种是保存，一种是另存为。保存是将修改过的结果覆盖原来存储的结果；另存为是将修改后的结果重新命名保存。另存为的方法具体操作如下：

（1）选择 文件(F) → 另存为(A)… Ctrl+Shift+S 命令，弹出 保存绘图 对话框，如图 2.1.2 所示。

（2）在 保存在(I): 下拉列表中选择保存的路径。

（3）在 文件名(N): 文本框中输入保存对象的名称。

（4）在 保存类型(T) 下拉列表中选择文件所要存储的格式。

（5）单击 保存 按钮即可。

2.1.4 导入和导出文件

CorelDRAW 不仅可以对矢量图进行创作和编辑，它还可以对位图进行处理。若要将位图图像在 CorelDRAW 中进行处理，则必须使用导入命令才可以将位图在 CorelDRAW 中打开，对于编辑完成的图形则可以使用导出命令将其保存为图片格式。

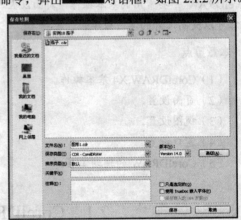

图 2.1.2 "保存绘图"对话框

1. 导入文件

导入文件的方法如下：

（1）选择 文件(F) → 导入(I)… Ctrl+I 命令，弹出 导入 对话框，如图 2.1.3 所示。

（2）选择所需的图片，单击 导入 按钮，鼠标光标变为如图 2.1.4 所示的直角形状。

（3）将鼠标移动到需要放置该图片的位置，单击鼠标即可将此图片在该位置打开。

图 2.1.3 "导入"对话框

风铃.jpg
w: 410.986 mm, h: 271.286 mm
单击并拖动以便重新设置尺寸。
按 Enter 可以居中。
Press Spacebar to use original position.

图 2.1.4 鼠标形状

2. 导出文件

和导入文件相对应的导出文件的方法如下：

（1）选择 文件(F) → 导出(E)… Ctrl+E 命令，弹出 导出 对话框，如图 2.1.5 所示。

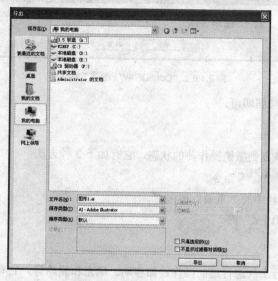

图 2.1.5 "导出"对话框

（2）单击该对话框中的 导出 按钮即可将图形导出为所需格式。

2.1.5 关闭文件

对于已经修改完成并存储了的文件，可根据需要将其关闭，其关闭的方法有以下两种：

（1）选择 文件(F) → 退出(X) Alt+F4 命令。

（2）单击该文件右上角的"关闭"按钮 X 。

2.1.6 撤销、还原、恢复和重复操作

在创作的过程中，常常需要对每个细节进行重复的修改，这就需要用到撤销、还原、恢复和重复操作。

1. 撤销操作

撤销用于还原上一步的操作，它有如下 3 种方法：

（1）选择 编辑(E) → 撤消命令。

（2）单击标准工具栏中的"撤销"按钮 ↶ 。

（3）按"Ctrl+Z"键。

技巧　如果连续执行撤销操作，可撤销多步操作。

2. 还原操作

还原操作可撤销所有的操作，将文件恢复到最近一次的存储状态，其方法为：

（1）选择 文件(F) → 还原(T) 命令，弹出 CorelDRAW - 警告 对话框，如图 2.1.6 所示。

图 2.1.6 "CorelDRAW－警告"对话框

（2）单击 确定 按钮即可。

3．恢复操作

恢复操作可将文件恢复到撤销操作前的状态，它有如下 3 种方法：

（1）选择 编辑(E) → 重做 命令。

（2）单击标准工具栏中的"重做"按钮。

（3）按"Ctrl＋Shift＋Z"键。

4．重复操作

重复操作可再次执行上次进行过的操作，如移动、填充和删除等。它有以下两种方法：

（1）选择 编辑(E) → 重复 命令。

（2）按"Ctrl＋R"键。

2.2　对页面的操作

在使用 CorelDRAW 绘图的过程中，常常需要对文档中的页面进行操作，如插入页面、删除页面、切换页面等。

2.2.1　插入、删除和重命名页面

在打开的文档中插入、删除和重命名页面是页面最常用的基本操作之一。

1．插入页面

在打开的文档中插入页面有两种方法：一种是通过 版面(L) 菜单插入页面；另一种是通过页面指示区插入页面。

通过 版面(L) 菜单插入页面的方法如下：

（1）选择 版面(L) → 插入页(I)… 命令，弹出 插入页面 对话框，如图 2.2.1 所示。

（2）在 插入(I) 数值框中输入插入页面的数量。

（3）前面(B) 和 后面(A) 单选按钮可用来设置插入页面的位置。

（4）纵向(P) 和 横向(L) 单选按钮可用来设置插入页面的方向。

（5）在 纸张(R)： 后面的下拉列表中选择插入纸张的类型。

（6）宽度(W)：和 高度(E)：数值框用来设置插入页面的大小。

（7）单击 确定 按钮即可。

通过页面指示区插入页面的方法如下：

（1）用鼠标右键单击页面指示区的某个标签，弹出如图 2.2.2 所示的快捷菜单。

图 2.2.1 "插入页面"对话框　　　　　　图 2.2.2　快捷菜单

（2）在弹出的快捷菜单中选择 [在后面插入页(F)] 或 [在前面插入页(B)] 命令即可。

2．删除页面

同插入页面相同，删除页面也有两种方法：一种是通过 [版面(L)] 菜单删除页面；另一种通过页面指示区删除页面。

通过 [版面(L)] 菜单删除页面的方法如下：

（1）选择 [版面(L)] → [删除页面(D)…] 命令，弹出 [删除页面] 对话框，如图 2.2.3 所示。

（2）在 [删除页面(D)：] 数值框中输入删除页面的序号或选中 [✔ 通到页面(T)：] 复选框，在其后的数值框中输入删除页面的范围。

（3）单击 [确定] 按钮即可。

通过页面指示区删除页面的方法如下：

（1）用鼠标右键单击页面指示区中需要删除页面的标签。

（2）在弹出的快捷菜单中选择 [✕ 删除页面(D)] 命令即可。

3．重命名页面

选择 [版面(L)] → [重命名页面(A)…] 命令或用鼠标右键单击所要重命名页面的标签，在弹出的快捷菜单中选择 [重命名页面(A)…] 命令，弹出 [重命名页面] 对话框，在 [页名：] 文本框中输入所要命名的名称即可，如图 2.2.4 所示。

图 2.2.3　"删除页面"对话框　　　　图 2.2.4　"重命名页面"对话框

2.2.2　切换页面

当打开的文档中有多个页面时，则在工作时可根据需要切换不同的页面，从而可对不同页面中的内容进行编辑。

切换页面的方法有以下 3 种方式：

（1）单击相应的页面指示区中的页面标签即可。

（2）单击"向前一页"按钮 ◀ 或"向后一页"按钮 ▶ 来切换页面。

（3）选择 [版面(L)] → [转到某页(G)…] 命令，在弹出的 [定位页面] 对话框中的 [定位页面(G)：] 数值框中输入所要切换的页面序号，单击 [确定] 按钮即可，如图 2.2.5 所示。

图 2.2.5 "定位页面"对话框

2.2.3 切换页面的方向

切换页面方向就是将页面以纵向或横向放置，在纵向与横向之间切换页面，切换页面方向后，页面上的内容并不会随着页面方向的改变而发生变化，如图 2.2.6 所示。

图 2.2.6 切换页面方向

切换页面的方向有如下 3 种方式：

（1）单击属性栏中的"纵向"按钮 或"横向"按钮 即可。

（2）用鼠标右键单击页面指示区的标签，在弹出的快捷菜单中选择 切换页面方向(R) 命令。

（3）选择 版面(L) → 切换页面方向(R) 命令即可。

2.2.4 设置页面大小、版面、标签和背景

在 CorelDRAW X4 中，版面的样式决定了组织文件进行打印的方式，因此，在打印文件之前，就需要对页面设置和背景的颜色进行设置。

1．设置页面的大小

在 CorelDRAW X4 中，页面大小可以通过两种方法进行设置，一种是通过属性栏设置，另一种是在"选项"对话框中设置。

（1）在属性栏中设置。当在绘图区中没有选择任何对象时，其属性栏显示页面的信息，默认的页面为纵向的 A4，即长为 210 mm，高为 297 mm。在属性栏中设置页面大小的具体操作方法如下：

1）在标准工具栏中单击"新建"按钮 新建一个页面，或在挑选工具状态下取消对象的选择。

2）在属性栏中单击纸张类型/大小下拉列表框 A4 ，可从弹出的下拉列表中选择纸张的类型。如选择 A3 选项，页面将自动改为 A3 纸张的大小，如图 2.2.7 所示，此时纸张宽度与高度输入框 210.0 mm 297.0 mm 中的数值也随着选择纸张的变化而变化。

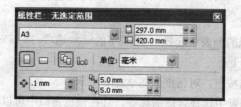

图 2.2.7　属性栏中的页面信息

3）通过直接在属性栏中的纸张宽度与高度输入框 中输入数值，也可以自定义页面大小。

（2）在"选项"对话框中设置。选择菜单栏中的 版面(L) → 页面设置(P)… 命令，弹出选项对话框，如图 2.2.8 所示。在此对话框中的宽度(W):与高度(E):输入框中输入数值可定义页面的大小。

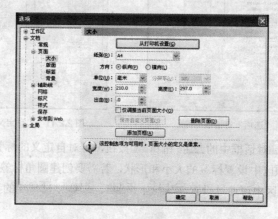

图 2.2.8　"选项"对话框中的页面大小选项

2．设置版面

在选项对话框的左侧区域的列表中选择 页面下的版面选项，该对话框右侧区域显示该选项的相应参数设置，如图 2.2.9 所示。对版面进行设置的方法如下：

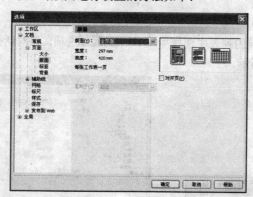

图 2.2.9　"选项"对话框

（1）在版面(Y):下拉列表中可选择版面的样式，版面的样式有全页面、活页、屏风卡、帐篷卡、侧折卡、顶折卡和三折卡片 7 种。
（2）若选中 对开页(F) 复选框，则可在起始于(T):下拉列表中选择开始文档的方向。
（3）单击 确定 按钮即可。

3. 设置标签

在**选项**对话框左侧区域的列表中选择 **页面** 下的**标签**选项，在该对话框右侧的参数设置区中可对标签进行设置。其方法如下：

（1）选中 **标签(L)** 单选按钮，对话框如图 2.2.10 所示。

（2）在 **标签类型** 列表中选择合适的标签，且在预览窗口中可以预览标签的样式。

（3）若对 **标签类型** 列表中提供的标签不满意，可以单击 **自定义标签(U)...** 按钮，在弹出的 **自定义标签** 对话框中自定义标签的样式，如图 2.2.11 所示。

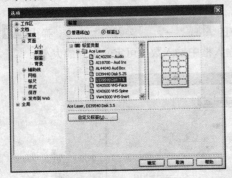

图 2.2.10 "选项"对话框

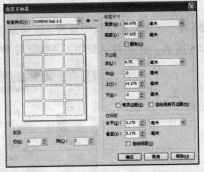

图 2.2.11 "自定义标签"对话框

（4）单击**自定义标签**对话框中的 **+** 按钮和 **−** 按钮，可对自定义的标签进行保存或删除操作。

（5）在**标签尺寸**选项区中设置标签的大小和形状，若需要创建圆角标签可选中 **圆角(Q)** 复选框。

（6）在**页边距**选项区中可通过设置 **左(L)：**、**右(G)：**、**上(T)：**、**下(B)：** 的参数值来确定标签到页面边缘的距离。

（7）在**栏间距**选项区中可设置标签之间的水平方向和垂直方向的间距。若需要标签之间的间距相同，可选中 **自动间距(S)** 复选框。

（8）单击 **确定** 按钮，在弹出的 **保存设置** 对话框中设置保存标签的名称，单击 **确定** 按钮即可，如图 2.2.12 所示。

4. 设置背景

在**选项**对话框左侧区域的列表中选择 **页面** 下的**背景**选项，该对话框右侧区域显示该选项的相应参数设置，如图 2.2.13 所示。

图 2.2.12 "保存设置"对话框

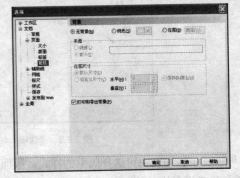

图 2.2.13 "选项"对话框

对背景有 3 种设置方式，分别为无背景、纯色和位图。

（1）无背景不对背景做任何设置。

（2）纯色可为背景覆盖某种颜色。

（3）位图可将位图图像作为背景，其操作步骤如下：

1）选中 `位图(B)` 单选按钮，则可单击 `浏览(W)...` 按钮，在弹出的 `导入` 对话框中选择一幅位图图像，将其导入。

2）在 `来源` 选项区中可设置 `链接(L)` 和 `嵌入(E)` 两种位图的来源方式，`链接(L)` 可将导入的位图链接到页面中，`嵌入(E)` 可将导入的位图镶嵌到页面中。

3）在 `位图尺寸` 选项区中可调整位图的大小。

4）单击 `确定` 按钮，得到的效果如图 2.2.14 所示。

图 2.2.14　设置背景的效果

2.3　对视图的操作

在 CorelDRAW X4 中可以对视图进行操作，它们对文件没有任何影响，可以配合用户来提高创作的效率。

2.3.1　显示模式

CorelDRAW 的显示模式可改变图形显示的速度，它有简单线框模式、线框显示模式、草稿显示模式、正常显示模式、增强显示模式和叠印增强显示模式 6 种。

1．简单线框模式

选择 `视图(V)` → `简单线框(S)` 命令，可将显示模式切换到简单线框模式下。在该显示模式下所有的矢量图只显示其边框，其色彩与它所在图层的颜色相同，所有的变形对象，如渐变、立体化和轮廓效果的图形等显示其原始图像的边框；所有的位图皆为灰度图，如图 2.3.1 所示。

图 2.3.1　简单线框模式的效果

2．线框显示模式

选择 视图(V)→线框(W)命令，可将显示模式切换到线框显示模式。在该模式下所有的变形对象，如渐变、立体化和轮廓效果的图形等显示中间生成图形的边框，如图 2.3.2 所示。

图 2.3.2　线框显示模式的效果

3．草稿显示模式

选择 视图(V)→草稿(D)命令，可将显示模式切换到草稿显示模式。在该显示模式下所有的页面中的图形皆以低分辨率显示，花纹填色、材质填色及 PostScript 填色皆以一种基本图案显示；位图以低分辨率显示；滤镜效果以普通色块显示；渐变填色以单色显示。

4．正常显示模式

选择 视图(V)→正常(N)命令，可将显示模式切换到正常显示模式，该显示模式下的图形皆正常显示。

5．增强显示模式

选择 视图(V)→增强(E)命令，可将显示模式切换到增强显示模式，该显示模式下系统以高分辨率显示所有图形对象。

6．叠印增强显示模式

选择 视图(V)→使用叠印增强(C)命令，可将显示模式切换到叠印增强显示模式，该模式下可以预览叠印颜色的混合方式的模拟。此功能对于项目校样是非常有用的。

2.3.2　预览显示

在 CorelDRAW 中用户可选择不同的预览显示方式，其预览显示方式有全屏预览、只预览选定的对象和页面排序器视图。

1．全屏预览

选择 视图(V)→全屏预览(F)命令，可对图形以全屏方式进行预览，得到如图 2.3.3 所示的效果。

图 2.3.3　全屏预览的效果

2．只预览选定的对象

选择 视图(V) → 只预览选定的对象(O) 命令，可对对象的某一部分进行预览，如图 2.3.4 所示。

图 2.3.4　只预览选定的对象的效果

3．页面排序器视图

选择 视图(V) → 页面排序器视图(A) 命令，可将文件中包含的页面进行分页显示，如图 2.3.5 所示。

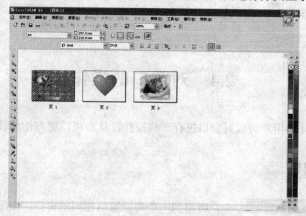

图 2.3.5　页面排序器视图效果

> **注意**　若要退出预览显示，按"Esc"键即可。

2.3.3　缩放与手形

在 CorelDRAW X4 中绘制图形时，根据需要可缩放或平移绘图页面。单击工具箱中的"缩放工具"按钮 右下角的小三角形，可显示出其工具组，即缩放工具与手形工具。

1．使用缩放工具

在绘图的过程中，经常需要将绘图页面放大或缩小显示，以便查看对象的绘图结构。使用缩放工具可以控制图形的显示。

选择缩放工具后，将鼠标光标移至绘图区中，光标显示为 形状，此时在绘图区中单击，即可以单击处为中心放大图形；如果需要放大某个区域，可在绘图区中需要放大的区域按住鼠标左键并拖动，释放鼠标后，该区域将被放大；如果需要缩小显示画面，可在绘图区中单击鼠标右键，或按住 Shift 键的同时在页面中单击，即可以单击处为中心缩小显示图形。

此外，也可以借助缩放工具属性栏来改变图形的显示，缩放工具属性栏如图 2.3.6 所示。

图 2.3.6　缩放工具属性栏

在属性栏中的缩放级别下拉列表 100% 中，可以选择不同的数值来缩放页面。

单击"放大"按钮 🔍 或"缩小"按钮 🔍，可以逐步放大或缩小当前页面。

单击"缩放选定对象"按钮 🔍，可以对对象的某一部分进行缩放。

单击"缩放全部对象"按钮 🔍，可以快速地将文件中的所有对象全部呈现在一个视图窗口中。

单击"显示页面"按钮 🔍，可在工作窗口中完整显示页面，即以 100% 显示。

单击"按页宽显示"按钮 🔍，可按页宽调整显示页面。

单击"按页高显示"按钮 🔍，可按页高调整显示页面。

2．使用手形工具

在 CorelDRAW 中，当页面显示超出当前工作区时，想要观察页面的其他部分，可单击缩放工具组中的"手形工具"按钮 🖐，将鼠标光标移至工作区中，按住鼠标左键拖动，即可移动页面显示区域。

2.4　对窗口的操作

在 CorelDRAW X4 中用户可以对窗口进行一些操作，从而可以更方便地管理文档界面。

2.4.1　新建窗口

选择 窗口(W) → 新建窗口(N) 命令，可得到一个与原窗口相同的窗口，如图 2.4.1 所示。使用该命令可用来对比修改图形对象的效果。

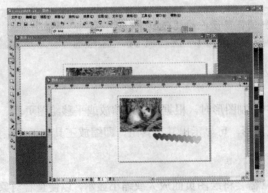

图 2.4.1　新建窗口

2.4.2　层叠窗口

选择 窗口(W) → 层叠(C) 命令，可将多个绘图窗口按顺序层叠在一起，如图 2.4.2 所示。

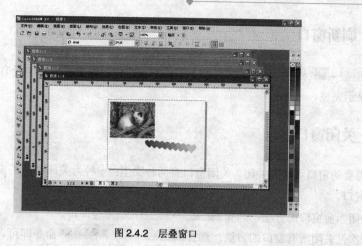

图 2.4.2　层叠窗口

2.4.3　平铺窗口

选择 窗口(W) → 水平平铺(H) 命令，可将窗口以水平方式平铺放置，如图 2.4.3 所示。

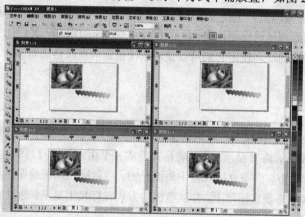

图 2.4.3　水平平铺窗口

选择 窗口(W) → 垂直平铺(V) 命令，可将窗口以垂直方式平铺放置，如图 2.4.4 所示。

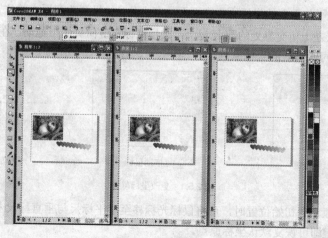

图 2.4.4　垂直平铺窗口

2.4.4 刷新窗口

选择 窗口(W) → 刷新窗口(U) Ctrl+W 命令，可对正在使用的文件窗口中没有显示完全的图像进行刷新，使之显示完整。

2.4.5 关闭窗口

对于不需要的窗口可将其关闭。关闭窗口有两种类型：一种为关闭当前的窗口；另一种为一次性关闭所有的窗口。

（1）关闭当前窗口的方法：选择 窗口(W) → 关闭(C) 命令即可。

（2）一次性关闭所有窗口的方法：选择 窗口(W) → 全部关闭(L) 命令即可。

2.5 CorelDRAW 的辅助工具

CorelDRAW 的一些辅助工具不参与图形创作，但是它们对于图形创作却起到了辅助的作用，使用这些工具可以更加精确和迅速地制作出优秀的作品。在 CorelDRAW X4 中，用于辅助绘制对象的工具包括标尺、网格与辅助线，使用它们可以使对象按指定的直线精确对齐。

2.5.1 设置标尺

在 CorelDRAW X4 工作界面中，按默认设置都会显示标尺。如果未显示标尺，可选择菜单栏中的 视图(V) → 标尺(R) 命令，将其显示。可以将标尺看成一个由水平标尺与垂直标尺组成的坐标系统，其中水平标尺位于页面上方，而垂直标尺位于页面左侧。当鼠标光标在绘图区与工作区中移动时，光标的位置将被映射到水平与垂直标尺上，并以虚线的方式在标尺上显示，通过它可以了解当前光标所在页面的位置。

1. 改变坐标原点的位置

默认情况下，水平与垂直的坐标原点在页面的左上角。如果要改变原点的位置，只需将鼠标移至水平标尺与垂直标尺左上角交界处的 标记上，按住鼠标左键向页面中拖动，在适当位置松开鼠标，如图 2.5.1 所示，即可设置新的坐标原点。

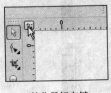 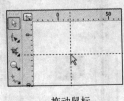 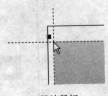

按住鼠标左键   拖动鼠标   释放鼠标

图 2.5.1 更改坐标位置

当要恢复坐标原点到初始位置时，可将鼠标光标移至水平标尺与垂直标尺左上角交界处的 标记处，双击鼠标左键即可恢复默认坐标原点。

2．设置标尺单位

　　默认设置下标尺的单位为毫米，如果要重新设置标尺的单位，可在标尺上双击鼠标左键，弹出如图 2.5.2 所示的 选项 对话框。

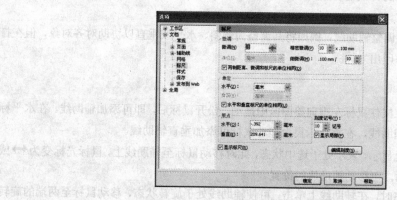

图 2.5.2　"选项"对话框

　　在 单位 选项区中的 水平(Z)： 下拉列表中可选择标尺的单位，此处设置为"毫米"，然后单击 确定 按钮即可。

　　此外，在该对话框中，单击 编辑刻度(S)... 按钮，可弹出 绘图比例 对话框，根据实际需要可以设置各种缩放比例。

2.5.2　设置网格

　　显示网格后，页面中将显示纵横交错的方格，通过网格可精确指定对象的位置。要显示网格，可选择菜单栏中的 视图(V) → 网格(G) 命令。

　　网格的间距可根据需要调整，在标尺上单击鼠标右键，从弹出的快捷菜单中选择 网格设置(D)... 命令，弹出 选项 对话框，如图 2.5.3 所示。

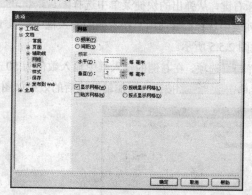

图 2.5.3　"选项"对话框

　　选中 频率(F) 单选按钮，在 频率 选项区中的 水平(Z)： 与 垂直(V)： 输入框中可设置网格的频率，数值越小，则网格的间距越大；若选中 间距(S) 单选按钮，在 间隔 选项区中的 水平(Z)： 与 垂直(V)： 输入框中可直接设置网格间距，单击 确定 按钮即可。

　　如果需要在绘制图形时对齐网格，可选择菜单栏中的 视图(V) → 贴齐网格(P)　　Ctrl+Y 命令，此时移动图形至网格线，系统会自动对齐网格线。

2.5.3　设置辅助线

辅助线是绘图时所使用的有效辅助工具，可用于多个对象高度与宽度的对比或对齐，以及水平或垂直移动对象时的快速定位。

在绘图区中，可以任意调整辅助线，例如将其调整为倾斜、水平或垂直以协助对齐对象，但在打印文档时，辅助线不会被打印出来。

1．手动添加辅助线

将鼠标光标移至标尺上按住鼠标左键向绘图区中拖动，松开鼠标后，即可添加辅助线。在水平标尺上拖动鼠标可添加水平辅助线，在垂直标尺上拖动鼠标可添加垂直辅助线。

刚添加的辅助线以红色显示，表示处于选中状态，此时移动鼠标至辅助线上，鼠标光标变为↔或↕形状，按住鼠标左键拖动，可移动辅助线的位置。

当辅助线处于选中状态时，在辅助线上单击，可使辅助线处于旋转状态，移动鼠标至两端的旋转符号↻上，按住鼠标左键拖动，即可旋转辅助线，如图 2.5.4 所示。

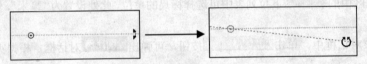

图 2.5.4　旋转辅助线

若要隐藏辅助线，可选择菜单栏中的 视图(V) → 辅助线(I) 命令即可将其隐藏，如果再次选择此命令，则会显示辅助线。要删除辅助线，可先选中辅助线，然后按"Delete"键即可。

2．精确添加辅助线

如果要在绘图区中创建精确辅助线，如在水平标尺 100 mm 处添加一条垂直辅助线，在垂直标尺 50 mm 处添加一条水平辅助线，其具体的操作方法如下：

（1）在标尺上单击鼠标右键，从弹出的快捷菜单中选择 辅助线设置(G)... 命令，弹出 选项 对话框。

（2）在该对话框左侧列表中选择 水平 选项，在右侧的输入框中输入 100 mm，单击 添加(A) 按钮，可添加水平辅助线，如图 2.5.5 所示。

（3）在对话框左侧选择 垂直 选项，在右侧的输入框中输入数值为 50 mm，单击 添加(A) 按钮即可添加垂直辅助线，完成后单击 确定 按钮，添加辅助线后的效果如图 2.5.6 所示。

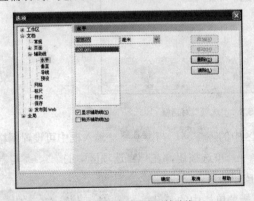

图 2.5.5　精确设置水平辅助线

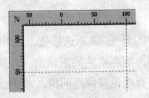

图 2.5.6　添加辅助线后的效果

2.5.4　使用对齐功能

显示网格或添加辅助线后，在移动或绘制对象时若没有对齐功能，可选择菜单栏中的 视图(V) →
贴齐网格(P)　　　Ctrl+Y 与 贴齐辅助线(U) 命令，启动网格对齐功能与辅助线对齐功能。

如果要将如图 2.5.7 所示的动物对象最上方与植物对象最下方对齐，其具体操作如下：

（1）将鼠标光标移至水平标尺上，按住鼠标左键拖动，至植物对象下方时，松开鼠标创建一条
水平辅助线。

（2）使用挑选工具选择动物对象，按住鼠标左键向下拖动，当该对象上方靠近辅助线时，系统
会自动吸引对象，使其与最上方的辅助线对齐，松开鼠标，效果如图 2.5.8 所示。

图 2.5.7　原对象

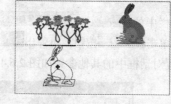

图 2.5.8　使用辅助线对齐对象

2.6　典型实例——制作彩页

本节主要介绍在 CorelDRAW X4 中，利用本章学过的知识，制作一个彩页，如图 2.6.1 所示。

图 2.6.1　效果图

创作步骤

（1）选择菜单栏中的 文件(F) → 打开 (O)… 命令，弹出 打开绘图 对话框，在此对话框中选择已
经存在的图形文件，然后单击 打开 按钮，即可打开所选的图形文件，如图 2.6.2 所示。

（2）选择菜单栏中的 版面(L) → 切换页面方向(R) 命令，即可将图形页面方向改为横向，如图 2.6.3
所示。

图 2.6.2　打开的图形

图 2.6.3　改变页面方向

（3）选择菜单栏中的 版面(L) → 页面背景(B)… 命令，弹出 选项 对话框，在该对话框右侧选中 ⊙ 位图(B) 单选按钮，单击 浏览(W)… 按钮，可弹出 导入 对话框，从中选择需要导入的位图图像，再返回到 选项 对话框，设置对话框中的其他参数如图 2.6.4 所示。

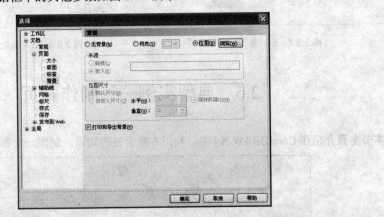

图 2.6.4　"选项"对话框

（4）单击 确定 按钮，添加背景后的效果如图 2.6.1 所示。

小　结

本章主要介绍 CorelDRAW X4 的一些基本操作，包括对绘图页面的操作、对视图的操作、对窗口的操作及辅助工具的基本操作。通过本章的学习，读者应该对 CorelDRAW 的使用有一定的了解，并为以后的学习打下良好的基础。

过关练习二

一、填空题

1．若要将位图图像在 CorelDRAW 中打开，则必须使用＿＿＿＿命令。

2．CorelDRAW 的显示模式有＿＿＿＿、＿＿＿＿、＿＿＿＿、＿＿＿＿、

_____和_____6 种。

3. CorelDRAW 中预览显示方式有_____、_____和_____3 种。

4. 背景设置有 3 种，即_____、_____和_____。

二、选择题

1. 可对窗口进行的操作有（   ）。

    A. 新建   B. 层叠

    C. 平铺   D. 刷新

2. 对于在窗口中显示不完整的绘图页面，可通过（   ）来实现。

    A. 标尺   B. 放大工具

    C. 缩小工具   D. 平移工具

3. 在（   ）显示模式下，页面中的所有对象均以常规模式显示，但位图将以高分辨率显示。

    A. 草稿   B. 增强

    C. 线框   D. 正常

4. 在 CorelDRAW X4 中，为了提高工作效率，系统提供了（   ）种形式的图像显示模式。

    A. 5   B. 4

    C. 3   D. 2

三、问答题

1. 如何在 CorelDRAW X4 中打开一个已存在的文件？

2. 在 CorelDRAW X4 中怎样新建窗口？

四、上机操作题

1. 新建一个图形文件，练习使用导入功能在页面中导入一幅位图。

2. 打开任意一个文件，练习对其进行页面的插入、删除和重命名操作。

第 3 章　线条的绘制与编辑

CorelDRAW X4 绘制的图形是由各种线条、矩形、圆等基本图形元素组合而成的，本章将着重介绍线条的绘制与编辑，为以后绘制更复杂的图形打好基础。

本章重点

（1）线条的绘制。

（2）线条的编辑。

3.1　线条的绘制

线条是组成图形的基础，CorelDRAW X4 提供了许多用于绘制线条的工具，单击工具箱中的"手绘工具"按钮，弹出如图 3.1.1 所示的工具组，利用该工具组中的工具可以很方便地实现各种线条的绘制。

图 3.1.1　手绘工具组

3.1.1　手绘工具

手绘工具可随意地绘制出直线、曲线、闭合图形等，类似于现实生活中的铅笔，自由调节度比较高，但是绘制效果不是很精确。

1. 绘制直线

使用手绘工具绘制直线的方法如下：

（1）单击工具箱中的"手绘工具"按钮。

（2）在绘图窗口中单击鼠标确定直线的起始点。

（3）将鼠标光标移动至绘图窗口的另一位置单击确定终点，可得到如图 3.1.2 所示的直线效果。

> ✈ **注意**　在绘图过程中若按住"Ctrl"键将以 15° 为单位绘制直线。

2．绘制曲线

使用手绘工具绘制曲线的方法如下：

（1）单击工具箱中的"手绘工具"按钮。

（2）在绘图窗口中单击鼠标并按住不放，拖出所要绘制的曲线形状即可，其效果如图 3.1.3 所示。

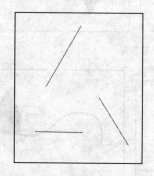

图 3.1.2　绘制的直线效果

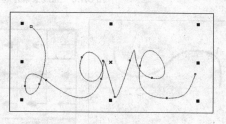

图 3.1.3　绘制的曲线效果

3．绘制闭合图形

使用手绘工具绘制闭合图形的方法如下：

（1）单击工具箱中的"手绘工具"按钮。

（2）按住鼠标任意拖动，回到绘制曲线的起始点，松开鼠标，则曲线自动闭合形成闭合图形，如图 3.1.4 所示。

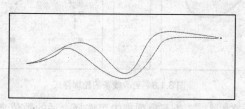

图 3.1.4　绘制的闭合图形效果

技巧　在使用手绘工具绘制曲线时，若对刚绘制出的曲线不满意，可在按住"Shift"键的同时按原路返回，清除上步绘制的曲线。

单击工具箱中的"手绘工具"按钮在绘图页面中绘制线条，其属性栏如图 3.1.5 所示。

图 3.1.5　手绘工具属性栏

在该属性栏中可设置线条的长短、形状、粗细、方向等，下面介绍线条的 4 种设置。

（1）设置线条的起始端箭头。单击"起始箭头选择器"按钮，在弹出的起始箭头样式面板中选择合适的样式，可为线条的起始端添加箭头，如图 3.1.6 所示。

（2）设置线条的终止端箭头。单击"终止箭头选择器"按钮，在弹出的终止箭头样式面板中选择合适的样式，可为线条的终止端添加箭头，如图 3.1.7 所示。

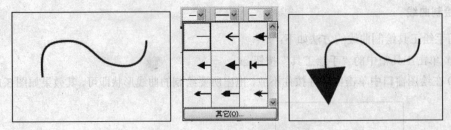

图 3.1.6　为线条添加起始端箭头

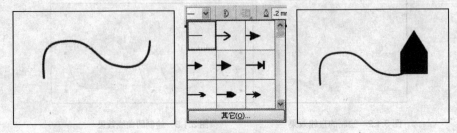

图 3.1.7　为线条添加终止端箭头

（3）设置线条的轮廓样式。单击"轮廓样式选择器"按钮 ，在弹出的轮廓样式面板中选择合适的样式即可，如图 3.1.8 所示。

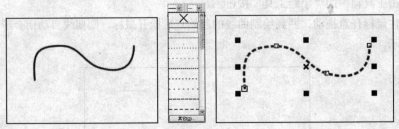

图 3.1.8　更改线条的轮廓样式

（4）设置线条的粗细。在 下拉列表中可选择合适的数值来设置线条的粗细，如图 3.1.9 所示。

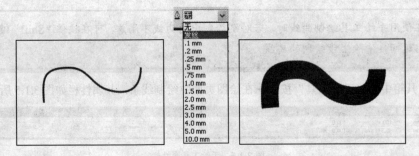

图 3.1.9　更改线条的粗细

3.1.2　贝塞尔工具

贝塞尔工具可用于绘制由节点连接而成的线段所组成的直线或曲线，每个节点都有控制点，它主要用于绘制曲线或直线。

使用贝塞尔工具绘制直线的方法和使用手绘工具绘制直线的方法相同。

使用贝塞尔工具绘制曲线的方法如下：

（1）选择工具箱中的贝塞尔工具 。

（2）在曲线的起点位置单击鼠标左键。

（3）移动鼠标到下一个节点位置，单击鼠标左键并拖动鼠标离开这个节点。这样在这两个节点之间便会出现一条曲线，节点旁边有两个手柄，用形状工具拖动手柄可以调整曲线的形状，如图 3.1.10 所示。

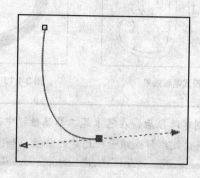

图 3.1.10　用贝塞尔工具绘制曲线

贝塞尔工具的属性栏和手绘工具的属性栏完全相同，在此不再赘述。

3.1.3　艺术笔工具

利用艺术笔触工具可绘制类似毛笔笔触的闭合路径，并可以对其填充颜色。使用艺术笔工具和使用手绘工具绘制曲线的方法类似。

单击"艺术笔工具"按钮 ，其属性栏如图 3.1.11 所示。

图 3.1.11　艺术笔工具属性栏

1．预设模式笔触

使用预设模式笔触绘图的方法如下：

（1）单击"艺术笔工具"按钮 。

（2）单击其属性栏中的"预设"按钮 。

（3）在 下拉列表中选择合适的笔触类型。

（4）在 12.7mm 数值框中输入合适的笔触宽度数值。

（5）在 100 数值框中输入合适的笔触平滑度，在绘图窗口中拖动鼠标可得到如图 3.1.12 所示的效果。

2．笔刷模式笔触

笔刷模式笔触可将绘制的线条赋予图案一样的效果，该模式笔触绘制方法如下：

（1）单击"艺术笔工具"按钮 。

（2）单击其属性栏中的"笔刷"按钮 。

（3）在 下拉列表中选择合适的笔触图形样式。

（4）同预设模式笔触相同，在 2.0 mm 和 100 数值框中设置合适的笔触宽度和平滑度，在绘图窗口中拖动鼠标，可得到如图 3.1.13 所示的效果。

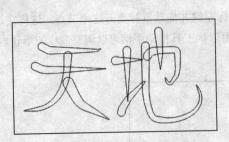

图 3.1.12 预设模式笔触效果

图 3.1.13 笔刷模式笔触效果

> **技巧** 使用某种绘图工具创建路径后，在艺术笔工具属性栏中选择"笔触列表"下拉列表中的笔触图形样式，即可将该图形样式赋予所创建的路径，如图 3.1.14 所示。

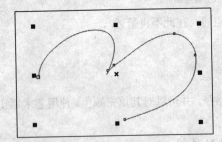
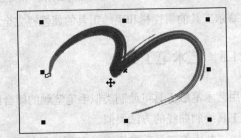

图 3.1.14 将笔触样式赋予路径

3．喷罐模式笔触

喷罐模式笔触可在绘制的路径周围均匀绘制喷涂列表中的样式，该模式笔触的绘制方法如下：

（1）单击"艺术笔工具"按钮 。

（2）单击其属性栏中的"喷罐"按钮 。

（3）在 下拉列表中选择合适的笔触图形样式。

（4）在绘图页面中拖动鼠标即可得到绘制的笔触效果。

（5）若对所选的笔触类型不满意，可在 下拉列表中再选择另一种笔触图形样式，则可将所选的笔触图形样式赋予所绘制的笔触，其效果如图 3.1.15 所示。

4．书法模式笔触

书法模式笔触绘制出的效果类似于利用书法钢笔绘制的效果，该模式笔触绘制的方法如下：

（1）单击"艺术笔工具"按钮 。

（2）单击其属性栏中的"书法"按钮 。

（3）在 13.0 mm 数值框中输入数值，可设置笔触的宽度。

（4）在 .0 数值框中输入数值，可设置笔触的角度，在绘图窗口中拖动鼠标可得到如图 3.1.16 所示的效果。

图 3.1.15　喷罐模式笔触效果　　　　图 3.1.16　书法模式笔触效果

5．压力模式笔触

压力模式笔触是配合感压笔来使用的，线条的粗细随感压笔压力的变化而变化。其绘制方法同手绘工具相同，这里就不再赘述。

3.1.4　钢笔工具

用钢笔工具可以绘制曲线与直线，在使用时与手绘工具相似，但比手绘工具多增了贝塞尔工具的性质，它虽然具有贝塞尔工具的性质，但它的绘制精度没有贝塞尔工具的高。

1．绘制直线与折线

钢笔工具绘制直线与手绘工具绘制直线时完全一样，要使用钢笔工具绘制直线与折线，其具体操作如下：

（1）在手绘工具组中单击"钢笔工具"按钮 。

（2）将光标移至绘图区中，单击鼠标左键确定直线起点，移动鼠标至其他位置时，可发现有一条直线跟随鼠标光标移动，双击鼠标左键可绘制出一条直线。

（3）要在直线基础上绘制折线，可移动鼠标至直线的终点处单击，然后移动鼠标至其他位置后单击，继续移动鼠标并单击，可绘制连续的折线。

（4）如果需要使折线形成封闭的图形，可将鼠标移至起点处单击，便可绘制出封闭的图形，如图 3.1.17 所示。

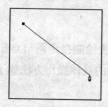
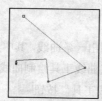
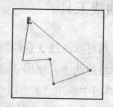

图 3.1.17　使用钢笔工具绘制直线、折线以及封闭图形

2．绘制曲线

用钢笔工具绘制曲线的方法与使用贝塞尔工具绘制曲线的方法相同，使用钢笔工具绘制曲线的操作方法如下：

（1）在手绘工具组中单击"钢笔工具"按钮 。

（2）将鼠标移至绘图区中单击确定第一个节点位置，然后移动鼠标至其他位置单击并按住鼠标左键拖动，即可产生一段曲线。

（3）继续移动鼠标至其他位置单击并按住鼠标左键拖动，可连续绘制曲线。

（4）如果要结束曲线的绘制，则可在确定最后一个节点时双击鼠标左键即可，如图 3.1.18 所示。

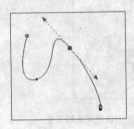
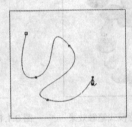
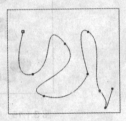

图 3.1.18　使用钢笔工具绘制曲线

3.1.5　折线工具

使用折线工具可以随心所欲地绘制各种线条与封闭图形，它结合了手绘工具的所有功能，并可在绘制曲线后接着绘制直线。使用折线工具绘制线条的具体操作方法如下：

（1）单击手绘工具组中的"折线工具"按钮 。

（2）在绘图区中单击确定一个点，并按住鼠标左键拖动，即可生成曲线路径。

（3）需要绘制直线时只需松开鼠标，单击并拖动，便可产生直线，如图 3.1.19 所示。

（4）按回车键可结束线条的绘制。

（5）如果要绘制封闭的不规则图形，只需将最后一个点移至起始点上单击，即可形成封闭的图形，如图 3.1.20 所示。

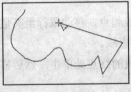
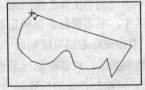
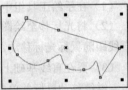

图 3.1.19　绘制曲线与直线　　　　　　　　　　　　图 3.1.20　封闭图形

3.1.6　3 点曲线工具

使用 3 点曲线工具可以通过 3 点绘制出一条曲线，其中先绘制指定两节点作为曲线的端点，然后通过第 3 点来确定曲线的曲率。使用 3 点曲线工具绘制曲线的具体操作方法如下：

（1）在手绘工具组中单击"3 点曲线工具"按钮 。

（2）将鼠标光标移至绘图区中单击并按住鼠标左键确定曲线一端节点的位置，拖动鼠标至其他位置后，松开鼠标，可确定另一端节点的位置。

（3）同时，移动鼠标可改变曲线弯曲方向与弯曲程度，单击鼠标左键可确定曲线的方向与曲度，如图 3.1.21 所示。

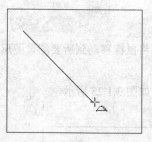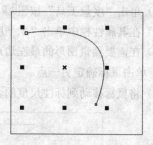

图 3.1.21　使用 3 点曲线工具绘制曲线

3.1.7　连接器工具

在设计时，有时需要绘制一些流程图和组织图，使用连接器工具可实现该操作。连接器工具可使用成角连接器和直线连接器两种不同的方式来连接图形，并且可以根据连接图形的位置自动调整连接线的折点情况，如图 3.1.22 所示。

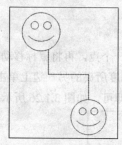

成角连接方式　　　　　　　　　　　　　直线连接方式

图 3.1.22　使用连接器连接图形

3.1.8　度量工具

在进行设计创作时，常常需要在设计的图纸上标注出图形的垂直、水平、倾斜和角度的测量数值。对图形进行标注主要通过度量工具来完成。

单击"度量工具"按钮，其属性栏如图 3.1.23 所示。

图 3.1.23　"度量工具"属性栏

对图形进行垂直尺度标注的方法如下：

（1）单击"度量工具"按钮。

（2）在其属性栏中单击"垂直度量工具"按钮。

（3）在需要测量图形的最高点单击鼠标确定一点，再将鼠标移动到所要测量图形的最低点单击鼠标确定另一点。

（4）将鼠标移动到标注尺度的合适位置，松开鼠标即可，如图 3.1.24 所示。

对图形进行水平尺度标注的方法如下：

（1）单击"度量工具"按钮 。

（2）在其属性栏中单击"水平度量工具"按钮 。

（3）在需要测量图形的最左边点上单击鼠标确定一点，再将鼠标移动到所要测量图形的最右边的点上，单击鼠标确定另一点。

（4）将鼠标移动到标注尺度的合适位置，松开鼠标即可，如图 3.1.25 所示。

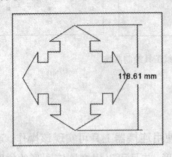

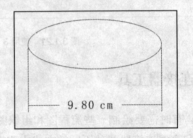

图 3.1.24　垂直尺度标注　　　　　　　图 3.1.25　水平尺度标注

对图形进行角度标注的方法如下：

（1）单击"度量工具"按钮 。

（2）在其属性栏中单击"角度量工具"按钮 。

（3）在需要测量的图形角度的顶点单击鼠标确定第一个点，再将鼠标移动到所要测量的角度所夹的一个边上单击鼠标确定第二个点，用同样的方法在角度所夹的另一边上单击鼠标确定第三个点。

（4）将鼠标移动到标注角度的合适位置，松开鼠标即可，如图 3.1.26 所示。

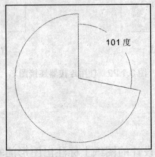

图 3.1.26　标注角度

3.2　线条的编辑

对于使用手绘、贝塞尔等工具绘制出的线条，很难一次就达到预期的效果，这时就需要对这些已绘制出的线条进行编辑。

线条是由节点和节点之间的线段组成的，曲线图形路径中的节点决定路径的方向，所以对线条进行编辑主要是通过对其节点进行编辑来完成的。而对节点进行编辑的主要工具是形状工具，形状工具的属性栏如图 3.2.1 所示。

图 3.2.1　"形状工具"属性栏

3.2.1　选取节点

用户在对节点编辑之前，必须要先选取节点，有以下 3 种情况：

（1）选中一个节点。单击工具箱中的"形状工具"按钮，在节点上单击鼠标，当节点比选取前大且变为实心时，表示已被选中，如图 3.2.2 所示。

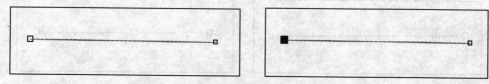

图 3.2.2　选中一个节点

（2）选中多个节点。选中多个节点的方法有两种：一种是单击工具箱中的"形状工具"按钮，按住"Shift"键的同时单击所需选中的各个节点即可；另一种是单击工具箱中的"形状工具"按钮，用鼠标拖出一个矩形框，将需选中的节点框在其中即可，如图 3.2.3 所示。

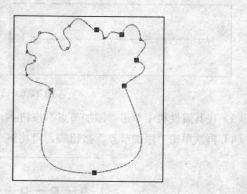

图 3.2.3　选取多个节点效果

（3）选中所有节点。按住"Ctrl＋Shift"键的同时，单击该曲线上任意一点，可选中该曲线上所有的节点，如图 3.2.4 所示。

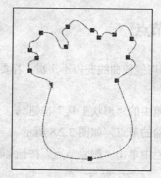

图 3.2.4　选取所有节点效果

3.2.2　添加节点

若对某部分曲线不满意，可以在其上添加节点来对其进行调节，使之更符合要求。添加节点的方法有两种，即在任意位置添加节点和等比添加节点。

在任意位置添加节点的方法如下：

（1）单击工具箱中的"形状工具"按钮。

（2）在曲线上需要增加节点的位置双击鼠标，当双击位置出现一个较大的小方块时，表示该位置已添加了节点，如图 3.2.5 所示。

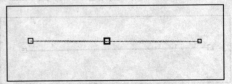

图 3.2.5　添加节点

等比添加节点的方法如下：

（1）单击工具箱中的"形状工具"按钮。

（2）选取任意一个节点，如图 3.2.6 所示。

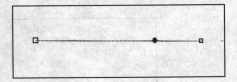

图 3.2.6　选取一个节点

（3）在其属性栏中单击"添加节点"按钮，可在该位置创建一个节点。

（4）再次单击"添加节点"按钮，可将剩余的线段按比例等分，效果如图 3.2.7 所示。

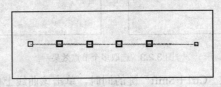

图 3.2.7　等比添加节点

3.2.3　删除节点

曲线中节点过多可能使曲线变得不平滑，若要保持曲线平滑可将多余节点删除。删除节点的方法如下：

（1）单击工具箱中的"形状工具"按钮。

（2）选中要删除的节点，如图 3.2.8 所示。

（3）在其属性栏中单击"删除节点"按钮或直接按"Delete"键即可，如图 3.2.9 所示。

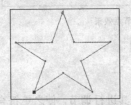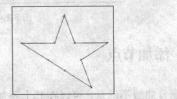

图 3.2.8　选中节点　　　　　图 3.2.9　删除节点效果

3.2.4　移动节点

对节点进行移动可以很直观地改变曲线的形状，其方法如下：

（1）单击工具箱中的"形状工具"按钮 。

（2）选中要移动的节点，如图 3.2.10 所示。

（3）拖动该点至合适的位置即可，如图 3.2.11 所示。

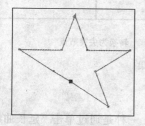
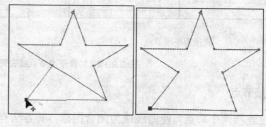

图 3.2.10　选中节点　　　　　　　　　　　图 3.2.11　移动节点

3.2.5　调节节点

对节点进行调节，主要通过形状工具的属性栏来完成，下面介绍几种调节节点工具的使用方法。

1. 转换直线为曲线

调节节点可将直线转换为曲线，其方法如下：

（1）单击工具箱中的"形状工具"按钮 。

（2）选中所要调节的节点。

（3）在其属性栏中单击"转换直线为曲线"按钮 。

（4）拖动该节点上出现的调节杆，可将直线转换为曲线，如图 3.2.12 所示。

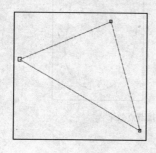
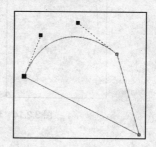

图 3.2.12　直线转换为曲线效果

2. 转换为平滑节点或尖突节点

将节点转换为平滑节点或尖突节点可以调节曲线的形状，其方法如下：

（1）单击工具箱中的"形状工具"按钮 。

（2）选中所要调节的节点。

（3）在其属性栏中单击"转化直线为曲线"按钮 或"平滑节点"按钮 。

（4）拖动其调节杆可对该曲线的平滑或尖突程度进行调节，如图 3.2.13 所示。

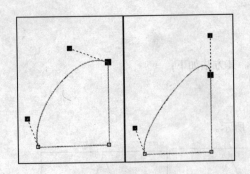

转换为平滑节点   转换为尖突节点

图 3.2.13　转换平滑节点或尖突节点效果

3. 连接节点

可通过连接两个节点，使曲线成为闭合图形，其方法有两种：一种是通过单击"延长曲线使之闭合"按钮![]来完成；另一种是通过单击"自动闭合曲线"按钮![]来完成。

使用"延长曲线使之闭合"按钮![]连接的方法如下：

（1）单击工具箱中的"形状工具"按钮![]。

（2）选中所要连接的曲线的起点和终点。

（3）在其属性栏中单击"延长曲线使之闭合"按钮![]即可。

使用"自动闭合曲线"按钮![]连接的方法如下：

（1）单击工具箱中的"形状工具"按钮![]。

（2）选中要连接的曲线上的一点。

（3）在其属性栏中单击"自动闭合曲线"按钮![]即可，如图 3.2.14 所示。

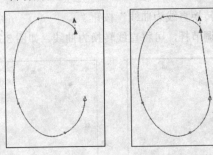

图 3.2.14　连接节点效果

3.3　典型实例——绘制贺卡

本节主要介绍在 CorelDRAW X4 中，利用本章学过的知识，制作一个贺卡，如图 3.3.1 所示。

创作步骤

（1）新建一个图形文件，单击工具箱中的"手绘工具"按钮![]，将光标移至绘图区中按住鼠标左键拖动，可绘制如图 3.3.2 所示的封闭曲线图形。

（2）使用挑选工具选择绘制的图形，单击手绘工具组中的"艺术笔工具"按钮![]，在其属性栏中单击"喷罐"按钮，然后在属性栏中的喷涂文件列表 中选择适当的喷涂样式，设置
属性栏中的其他参数，如图 3.3.3 所示。

图 3.3.1　效果图

图 3.3.2　使用手绘工具绘制封闭曲线图形

图 3.3.3　喷涂艺术笔属性栏

（3）此时，即可将所做的设置应用于所选的曲线图形上，如图 3.3.4 所示。

（4）在艺术笔工具属性栏中单击"书法"按钮，在其属性栏中设置参数，如图 3.3.5 所示。

图 3.3.4　应用喷涂艺术笔后的效果

图 3.3.5　书法艺术笔属性栏

（5）在绘图区中拖动鼠标绘制"友"字的书法效果，如图 3.3.6 所示。

（6）继续拖动鼠标绘制另一个书法字"情"，如图 3.3.7 所示。

图 3.3.6　绘制"友"字书法效果

图 3.3.7　绘制"情"字书法效果

（7）使用挑选工具选择"友"与"情"字，在调色板中单击红色色块，可将其填充为红色，如图 3.3.8 所示。

图 3.3.8　绘制书法作品效果

（8）选择菜单栏中的 版面(L) → 页面背景(B)… 命令，弹出 选项 对话框，在该对话框右侧选中 位图(B) 单选按钮，单击 浏览(W)… 按钮，可弹出 导入 对话框，从中选择需要导入的位图图像，再返回到 选项 对话框，单击 确定 按钮，为贺卡添加背景，最终效果如图 3.3.1 所示。

小　　结

本章主要介绍了 CorelDRAW X4 中线条的绘制和编辑，以及标注工具和连线工具的使用。线条是组成图形最基础的部分，学习本章将为以后绘制更复杂的图形打下基础。

过关练习三

一、填空题

1．贝塞尔工具是专门用于绘制_____的工具，同时也可以绘制直线与折线。

2．在艺术笔工具属性栏中提供了_____种艺术笔触工具。

3．手绘工具可随意绘制_____、_____和闭合图形。

4．使用_____可以标注对象的长宽尺寸以及相关的距离或位置等。

5．_____可使用两种不同的方式来连接图形，并且可以根据连接图形的位置自动调整连接线的折点情况。

6．在绘图过程中若按住"Ctrl"键可以_____为单位绘制直线。

二、选择题

1．艺术笔工具有（　　）模式的笔触。

　　A．画笔　　　　　　　　　　B．压力

　　C．书法　　　　　　　　　　D．喷罐

2．（　　）工具用于对节点进行编辑。

　　A．标尺　　　　　　　　　　B．放大

　　C．形状工具　　　　　　　　D．平移

3．下列选项中不属于"艺术笔工具"的是（　　）。

A．橡皮擦　　　　　　　　　　B．预设

C．画笔　　　　　　　　　　　D．喷罐

三、问答题

1．如何使用书法工具绘制艺术笔触效果？

2．如何使用贝塞尔工具绘制曲线？

四、上机操作题

1．新建一个图形文件，在绘图区中使用钢笔工具绘制两个或两个以上的基本图形，练习节点添加、删除等基本操作。

2．新建一个图形文件，练习使用手绘工具、贝塞尔工具、艺术笔工具在绘图区中分别绘制曲线、直线以及艺术线条。

第4章　图形的绘制与编辑

在绘制的图形对象中，很大一部分是由矩形、椭圆、圆弧、多边形、螺旋线、星形等几何图形组成的，在 CorelDRAW 中可以利用其工具箱中提供的几何图形绘制工具来完成图形的绘制与编辑。

本章重点

（1）矩形工具。

（2）椭圆形工具。

（3）多边形工具。

（4）基本形状。

（5）智能填充工具。

（6）轮廓工具。

4.1　矩形工具

使用矩形工具组中的矩形工具和 3 点矩形工具可绘制出矩形、圆角矩形和正方形，如图 4.1.1 所示。

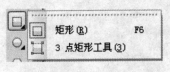

图 4.1.1　矩形工具组

4.1.1　矩形工具

绘制矩形的方法如下：

（1）选择工具箱中的"矩形工具"按钮 。

（2）在绘图区中单击鼠标左键，沿矩形的对角线拖动鼠标到矩形的右下方，在绘图区中绘制一个长方形。如果拖动鼠标时按住"Ctrl"键，则绘制的是正方形，如图 4.1.2 所示。

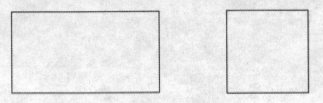

图 4.1.2　长方形和正方形

绘制圆角矩形有如下两种方法：

（1）通过调节矩形的节点绘制。

1）单击工具箱中的"矩形工具"按钮 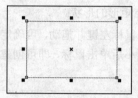。

2）在绘图页面中拖动鼠标绘制出矩形。

3）单击工具箱中的"形状工具"按钮 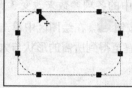。

4）拖动所绘制矩形的节点即可，如图 4.1.3 所示。

图 4.1.3　圆角矩形

（2）通过矩形工具的属性栏绘制。

1）单击工具箱中的"矩形工具"按钮 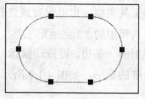。

2）在绘图页面中拖动鼠标绘制出矩形。

3）在其属性栏中如图 4.1.4 所示的圆角调节区中输入数值即可得到相应的圆角矩形。

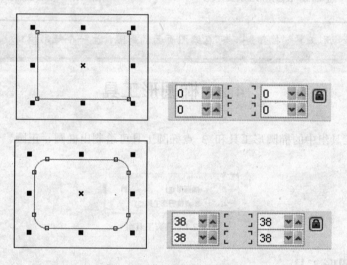

图 4.1.4　使用属性栏设置圆角

注意　单击圆角调节区旁边的"全部圆角"按钮 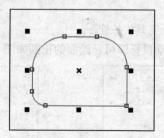，使之呈关闭状态，对选中的矩形进行调节，可制作出特殊的圆角矩形，如图 4.1.5 所示。

图 4.1.5　绘制的特殊圆角矩形

4.1.2　3 点矩形工具

使用 3 点矩形工具，可以通过确定 3 点的位置绘制矩形。单击工具箱中的"3 点矩形工具"按钮 ，其属性栏如图 4.1.6 所示。

与矩形工具类似，也可设置属性栏中的各项参数来改变 3 点矩形的形状。

单击工具箱中的"3 点矩形工具"按钮 ，在绘图区中单击鼠标左键并拖动，可确定任意方向的线段作为矩形的一条边，再拖动鼠标，直至得到所需的形状与大小后单击鼠标，即可创建一个任意起始或倾斜角度的矩形，如图 4.1.7 所示。

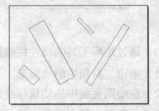

图 4.1.6　3 点矩形工具属性栏　　　　　　　　图 4.1.7　使用 3 点矩形工具绘制矩形

> **技巧**　双击"矩形工具"按钮 ，可在绘图页面的周围产生一个矩形框。

4.2　椭圆形工具

使用椭圆形工具组中的椭圆形工具和 3 点椭圆工具可绘制出椭圆、正圆、饼形和圆弧，如图 4.2.1 所示。

图 4.2.1　椭圆工具组

4.2.1　椭圆形工具

绘制椭圆的方法如下：

（1）单击工具箱中的"椭圆形工具"按钮 。

（2）在绘图页面中拖动鼠标即可，绘制的椭圆如图 4.2.2 所示。

绘制正圆的方法如下：

（1）单击工具箱中的"椭圆形工具"按钮 。

（2）按住"Ctrl"键的同时拖动鼠标即可，绘制的正圆如图 4.2.3 所示。

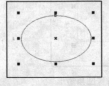

图 4.2.2　绘制的椭圆　　　　　　图 4.2.3　绘制的正圆

绘制饼形的方法如下：

饼形实际是指不完整的椭圆。要绘制饼形，其具体的操作方法如下：

（1）单击工具箱中的"椭圆形工具"按钮 ，在属性栏中单击"饼形"按钮 。

（2）在起始和结束角度输入框  中输入数值，以设置饼形的弧度，此处分别输入数值 0 和 270。

（3）将鼠标光标移至绘图区中按住鼠标左键拖动，至适当位置后松开鼠标即可绘制饼形，如图 4.2.4 所示。

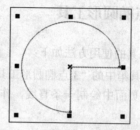

图 4.2.4 绘制饼形

如果对绘制的饼形不满意，可在选择饼形的状态下，在属性栏中的起始和结束角度输入框 中重新调整数值。

绘制好饼形后，在属性栏中单击"顺时针/逆时针弧形或饼圆"按钮 ，可将所绘制的图形反方向替换，也就是说，将得到所绘制饼形的另外一部分，如图 4.2.5 所示。

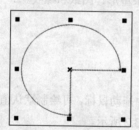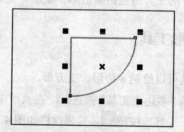

图 4.2.5 反方向替换绘制的饼形

绘制弧形的方法如下：

弧形与饼形不同，它是没有轴线的。在选择椭圆形工具后，在其属性栏中单击"弧形"按钮 ，即可进行弧形的绘制，其具体的操作方法如下：

（1）单击工具箱中的"椭圆形工具"按钮 ，并在属性栏中单击"弧形"按钮 。

（2）在属性栏中的起始和结束角度输入框 中输入数值，以设置弧形的弧度，然后将鼠标移至绘图区中，按住鼠标左键拖动，至适当位置后松开鼠标，即可绘制出弧形，如图 4.2.6 所示。

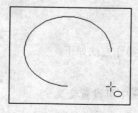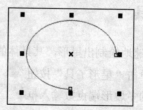

图 4.2.6 绘制弧形

绘制好弧形后，在属性栏中单击"顺时针/逆时针弧形或饼圆"按钮 ，也可将所绘制的图形反方向替换，如图 4.2.7 所示。

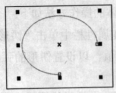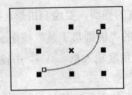

图 4.2.7　反方向替换弧形

4.2.2　3 点椭圆形工具

3 点椭圆形工具的使用方法如下：

（1）单击工具箱中的"3 点椭圆形工具"按钮 。

（2）在绘图页面中绘制一条直线，作为椭圆的一条直径，再拖曳鼠标确定椭圆的另一条直径即可。

使用 3 点椭圆工具绘制正圆、饼形与圆弧的方法和椭圆工具相同，这里就不再赘述。

4.3　多边形工具

多边形工具组中的工具组包括多边形、星形、复杂星形、图纸和螺纹。

4.3.1　多边形工具

使用多边形工具可以绘制多边形、正方形。

单击工具箱中的"多边形工具"按钮 ，在页面中拖动鼠标，可绘制默认值的多边形，如图 4.3.1 所示。单击"多边形工具"按钮 ，其属性栏如图 4.3.2 所示。

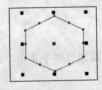

图 4.3.1　绘制多边形

图 4.3.2　多边形工具属性栏

在多边形端点数输入框 6 中输入数值，可设置多边形的边数，其取值范围在 3～500 之间。

4.3.2　星形工具

用星形工具可以快速地绘制出星形，其具体的操作方法如下：

（1）在工具箱中单击"星形工具"按钮 。

（2）在属性栏中的多边形端点数输入框 5 中可设置交叉星形的边数，此处输入 5。

（3）在绘图区中按住鼠标左键拖动，即可绘制出五角星，如图 4.3.3 所示。

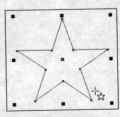

图 4.3.3　绘制星形

4.3.3　复杂星形工具

使用复杂星形工具可绘制复杂星形图形，只需要在属性栏中单击"复杂星形工具"按钮 ，在图像中拖动鼠标，即可绘制复杂的星形图形，如图 4.3.4 所示。

在复杂星形工具属性栏微调框 16 中输入数值，可以改变复杂星形的边数，如图 4.3.5 所示。

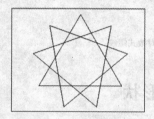
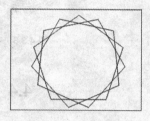

图 4.3.4　绘制复杂星形　　　　　　　　图 4.3.5　改变复杂星形的边数

4.3.4　图纸工具

用图纸工具可以快速地绘制出不同大小不同行列的图纸图形。图纸实际上就是将多个矩形进行连续排列，中间不留空隙。

单击工具箱中的"图纸工具"按钮 ，在属性栏的 输入框中输入数值，设置图纸的列数和行数，即可绘制出如图 4.3.6 所示的图纸图形。

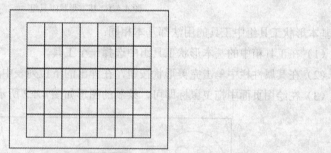

图 4.3.6　绘制方格图纸

4.3.5　螺纹工具

螺纹工具是一种特殊的曲线工具，其属性栏如图 4.3.7 所示。

图 4.3.7　螺纹工具属性栏

该属性栏中各选项介绍如下：

"对称式螺纹"按钮 ：用来绘制对称式螺纹。

"对数式螺纹"按钮 ：用来绘制对数式螺纹。

微调框：用于设置螺纹回圈的数量。

文本框：用于设置对数式螺纹扩展参数。

如图 4.3.8 所示分别是绘制的对称式螺纹和对数式螺纹。

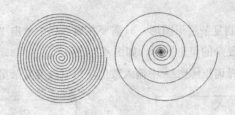

图 4.3.8　对称式螺纹和对数式螺纹

4.4　基本形状

在 CorelDRAW X4 中为用户提供了用于绘制特殊图形的绘图工具，使用这些工具可以帮助用户快速地制作出大量的复杂图形，如图 4.4.1 所示。

图 4.4.1　基本形状工具组

基本形状工具组中工具的用法都基本相同：

（1）在工具箱中的基本形状工具组中选择一个工具。

（2）在其属性栏中单击完美形状按钮，在弹出的下拉列表中选择所需的形状。

（3）在绘图页面中拖曳鼠标即可，绘制的图形如图 4.4.2 所示。

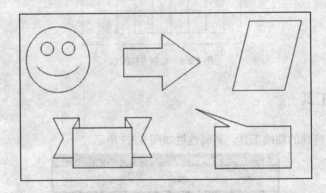

图 4.4.2　预定义工具绘制的图形

4.5　智能填充工具

使用智能填充工具组中的智能填充工具和智能绘图工具可以方便地绘制和填充图形。

4.5.1　智能绘图

使用智能绘图进行绘图时，可以将徒手绘制的手稿痕迹智能化地自动转换成相似的基本图形或者曲线，比如圆形、椭圆形、矩形、星形、正方形、菱形、多边形、直线、梯形、线条等，如图 4.5.1 所示。

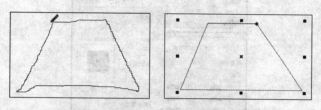

图 4.5.1　智能绘图绘制图形

4.5.2　智能填充工具

智能填充工具可以帮助用户填充封闭区域和在重叠对象中间创建新对象。填充对象时，智能填充工具不但允许用户填充封闭的对象，也可以对任意两个或多个对象的重叠区域进行填色，如图 4.5.2 所示。该功能无论是对从事动漫创作、矢量绘画、服装设计还是 VI 设计的工作者来说，无疑都是一个惊喜。

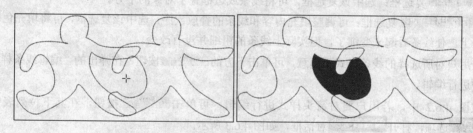

图 4.5.2　智能填充工具填充图像

4.6　轮廓工具

为了配合基本绘图工具，CorelDRAW 还提供了一组轮廓工具，利用该组工具可设置图形对象轮廓线的宽度、样式及箭头形状。轮廓工具组如图 4.6.1 所示。

图 4.6.1　轮廓工具组

1. 轮廓画笔对话框工具

用户可先在绘图页中绘制好线条或图形，然后选择"轮廓画笔对话框"按钮 ，打开如图 4.6.2 所示的 **轮廓笔** 对话框。

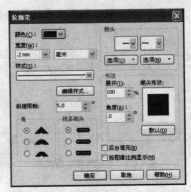

图 4.6.2 "轮廓笔"对话框

在该对话框中，用户可设置线条或轮廓线的颜色、宽度、样式、角的样式、线条端头的样式、起点和终点箭头的样式等。这些设置都十分简单，就不一一介绍了。

笔尖形状: ：在其下可用鼠标直接调整笔尖的形状，此时两个参数框中的数值也随之改变。

默认(D) 按钮：用来恢复笔尖的默认形状。

☑ **后台填充(B)** 复选框：选中该复选框，可将线条或边框置于对象的下方。

☑ **按图像比例显示(M)** 复选框：可调整填充内容和线条的叠放次序，选中该复选框，可将填充色覆盖在线条之上，使线条看起来变细了，但实际上线条的粗细并没有改变。

若用户对所选择的线条样式不满意，可单击下方的 **编辑样式...** 按钮，在弹出的"编辑线条样式"对话框中进行编辑。

在图 4.6.2 中，若用户要对箭头样式进行编辑，可单击 **选项(N)** 按钮，在其下拉列表中选择 **编辑(E)...** 选项，打开 **编辑箭头尖** 对话框，如图 4.6.3 所示。

在该对话框中，实心控制点是"大小控制点"，空心控制点是"移动控制点"。通过拖曳"大小控制点"可以改变箭头的形状大小，通过拖曳"移动控制点"可以改变箭头的位置，如图 4.6.4 所示。

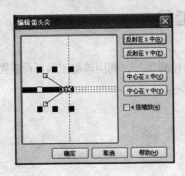

图 4.6.3 "编辑箭头尖"对话框

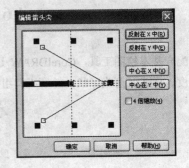

图 4.6.4 编辑箭头尖的大小与位置

2. 轮廓颜色对话框工具

选择需设置颜色的线条或图形对象，单击轮廓工具组中的"轮廓颜色对话框"按钮 ，打开如图 4.6.5 所示的"轮廓色"对话框。

图 4.6.5 "轮廓色"对话框

用户可通过"模型"、"混合器"、"调色板"选项卡中的颜色参数的设置来精确设定所选的线条或图形对象轮廓线的颜色。

3．轮廓宽度预设值

轮廓工具组中包含了 8 种轮廓宽度的预设值：无轮廓 ⊠、细线 ⊠、1/2 点 ▭、1 点 ▭、2 点 ▭、8 点 ▭、16 点 ▭、24 点 ▭，可以利用这些预设值来调整图形轮廓线的宽度。如图 4.6.6 所示分别是 1 点和 8 点轮廓效果。

图 4.6.6 1 点轮廓和 8 点轮廓的效果

4．颜色泊坞窗工具

选择线条或图形对象，单击"颜色泊坞窗工具"按钮 ▣，打开如图 4.6.7 所示的"颜色"泊坞窗。"颜色"泊坞窗既可用来设置填充色，也可用来设置轮廓色，设置好颜色后只需单击 填充(F) 或 轮廓(O) 按钮即可将所设置的颜色应用到所选择的图形对象中。

图 4.6.7 "颜色"泊坞窗

5．轮廓转换为对象

选择 排列(A) → 将轮廓转换为对象(E) Ctrl+Shift+Q 命令，可以将选择的图形对象的轮廓分离出来，使其成为一个单独的对象。经过分离后的轮廓对象是一条曲线，只可以对它的轮廓线条进行填充，不能对它的内部进行填充，而原对象分离出来后，还可以重新设置对象的轮廓宽度和颜色，如图 4.6.8 所示。

原对象

经分离后的轮廓对象

原对象分离后重新设置轮廓宽度和颜色

图 4.6.8　轮廓转换为对象

4.7　典型实例——绘制扑克牌

本节主要介绍在 CorelDRAW X4 中，利用本章学过的知识，制作一张扑克牌，如图 4.7.1 所示。

图 4.7.1　效果图

创作步骤

（1）新建一个图形文件，单击工具箱中的"矩形工具"按钮 ，在绘图区中拖动鼠标绘制矩形，如图 4.7.2 所示。

（2）在矩形工具属性栏中的边角圆滑度输入框 中输入数值 20，按回车键后，可使所绘制的矩形变为圆角矩形，如图 4.7.3 所示。

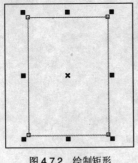

图 4.7.2　绘制矩形

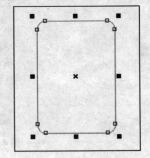

图 4.7.3　设置矩形为圆角矩形

（3）单击"多边形工具"按钮 ，设置多边形、星形和复杂星形的点数或边数为 4，在绘图区中拖动鼠标绘制，如图 4.7.4 所示。

（4）在调色板中单击红色色块，将其填充为红色，如图 4.7.5 所示。

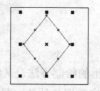

图 4.7.4 绘制多边形

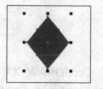

图 4.7.5 填充多边形

（5）将填充后的多边形移至圆角矩形中的适当位置，如图 4.7.6 所示。

（6）按住 "Ctrl" 键的同时使用挑选工具拖动多边形图形水平向下移动，至适当位置后，单击鼠标右键可复制该图形，如图 4.7.7 所示。

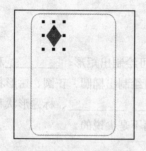

图 4.7.6 移动多边形图形

图 4.7.7 移动并复制图形

（7）再根据步骤（6）的操作，复制出其他 6 个多边形，并排放到适当位置，如图 4.7.8 所示。

（8）单击工具箱中的 "文本工具" 按钮 字，在圆角矩形的左上角输入数字 "8"，并调整其字体和大小，如图 4.7.9 所示。

图 4.7.8 复制图形

图 4.7.9 输入数字

（9）将输入的数字 "8" 复制到圆角矩形的右下角并旋转，如图 4.7.10 所示。

（10）在圆角矩形中选择任意一个多边形图形，并将其复制缩小，排放在如图 4.7.11 所示的位置。

图 4.7.10 复制数字

图 4.7.11 复制缩小图形并排放位置

（11）再将缩小的图形复制到圆角矩形右下角的数字 "8" 上面，最终的扑克牌效果如图 4.7.1 所示。

小　　结

本章主要介绍了在 CorelDRAW X4 中各种常用基本图形的绘制方法及其编辑技巧，如线条与轮廓线的填充、将轮廓转换为对象等。通过本章的学习，读者应掌握各种基本图形的绘制方法，并且能够熟练地使用这些基本绘图工具绘制出比较特殊的形状图形。

过关练习四

一、填空题

1. 使用矩形工具组中的矩形工具和 3 点矩形工具可绘制出矩形、_____和正方形。
2. 使用椭圆工具组中的椭圆工具和 3 点椭圆工具可绘制出椭圆、正圆、饼形和_____。
3. 基本形状工具组中的工具有基本形状、_____、_____、标题形状和标注形状。
4. _____矩形是指矩形的 4 个角是圆滑的，而不是尖锐的。

二、选择题

1. 使用智能绘图工具，用户可以很方便地绘制出（　　）等基本几何形状。
   A. 矩形　　　　　　　　　　　　B. 圆形
   C. 三角形　　　　　　　　　　　D. 箭头
2. 对线条和轮廓颜色的设置方法，主要包括（　　）。
   A. 轮廓颜色对话框工具　　　　　B. 设计阶段
   C. 填充工具　　　　　　　　　　D. 形状工具
3. 要使用矩形工具绘制正方形，可按住（　　）键的同时拖动鼠标进行绘制。
   A. Ctrl　　　　　　　　　　　　B. Alt
   C. Shift+Ctrl　　　　　　　　　D. Shift
4. 使用（　　）工具绘制出的图形是由一系列以行与列排列的矩形组成的。
   A. 矩形　　　　　　　　　　　　B. 基本形状
   C. 边形　　　　　　　　　　　　D. 图纸

三、问答题

1. 如何使用 3 点椭圆工具绘制椭圆对象？
2. 如何使用多边形工具绘制三角形？

四、上机操作题

绘制一个图形，对其内部和轮廓进行颜色填充，并将其转换为对象。

第 5 章　对象的操作

本章将介绍对象的一些基本操作，包括对象的选取、复制与删除，移动与旋转对象、对齐与分布对象等，它们都是图形创作时常用的操作，熟练掌握可提高创作效率。

本章重点

（1）选取对象。

（2）移动对象。

（3）旋转对象。

（4）复制、再制与删除对象。

（5）缩放和镜像对象。

（6）调整对象的顺序。

（7）对齐和分布对象。

（8）群组和结合对象。

（9）锁定与转换对象。

5.1　选取对象

选取对象是 CorelDRAW 中出现频率最高的操作，使对象处于选中状态，才可以对其进行编辑处理等操作，下面将详细介绍如何选取对象。

5.1.1　使用挑选工具

工具箱中的挑选工具是使用频率最高的工具，它可以实现对对象的选取操作。

使用挑选工具对对象进行选取有以下几种类型：

（1）直接选取。单击工具箱中的"挑选工具"按钮![img]，将其移动到所要选取的对象上单击鼠标即可。

（2）多个对象的选取。单击工具箱中的"挑选工具"按钮![img]，将其移动到所要选取的对象上按住"Shift"键的同时用鼠标依次单击各个对象，可同时选取多个对象，如图 5.1.1 所示。

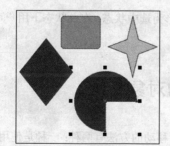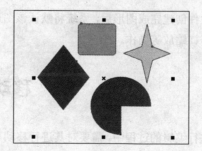

图 5.1.1　对象的选取

（3）选取层中的对象。使用挑选工具，按住"Alt"键的同时单击所要选择的对象即可，如图 5.1.2 所示。

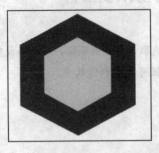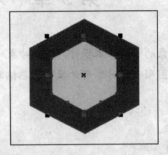

图 5.1.2　选取层中的对象

（4）选取群组中的对象。使用挑选工具，按住"Ctrl"键的同时单击所要选择的群组中的对象即可，此时对象周围的控制点变为小原点，如图 5.1.3 所示。

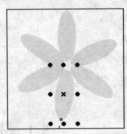

图 5.1.3　选取群组中的对象

5.1.2　使用菜单

选择 编辑(E) ➜ 全选(A) 命令，在弹出的子菜单中选择相应的命令，如图 5.1.4 所示。

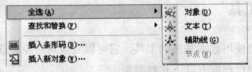

图 5.1.4　全选子菜单

通过选择该子菜单中相应的命令，可实现对对象、文本、辅助线和节点的选取。

5.1.3　新建图形的选取

使用绘图软件创建完成图形后，系统将默认该图形为选中状态，在此状态下用户可直接对该图形进行移动、旋转、缩放等操作。

5.2　移动对象

在对对象进行编辑的过程中，需要对其进行移动。移动的方法有两种：一种是使用鼠标进行移动；一种是使用泊坞窗进行移动。

5.2.1　使用鼠标进行移动

使用鼠标移动对象的方法如下：

（1）选中所要移动的对象。

（2）将鼠标光标移动至对象的中心位置，鼠标的光标呈✛形状。

（3）单击鼠标左键并拖动鼠标可移动其位置。

> **技巧**　在用鼠标移动对象时，将对象移动到目标位置后，单击鼠标右键，再松开左键可实现对对象的复制。

5.2.2　使用泊坞窗进行移动

使用泊坞窗移动对象的方法如下：

（1）选中所要移动的对象。

（2）选择 排列(A) → 变换(F) → 位置(P) 命令，打开"变换"泊坞窗，如图 5.2.1 所示。

图 5.2.1　"变换"泊坞窗

（3）在 位置:选项区中的 水平:和 垂直:后面的数值框中输入对象所要移动的坐标值。

（4）单击 应用 按钮即可实现对对象的精确移动。

5.3　旋转对象

在创作过程中，有时候为了获得某种效果，需要对编辑的对象进行旋转。旋转的方法有两种：一种是使用鼠标进行旋转；一种是使用泊坞窗进行旋转。

5.3.1　使用鼠标进行旋转

使用鼠标旋转对象的方法如下：

（1）单击工具箱中的"挑选工具"按钮 。

（2）用鼠标双击所要旋转的对象，则在对象中心会出现一个圆圈，其周围会出现 8 个双向箭头，如图 5.3.1 所示。

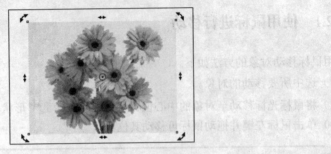

图 5.3.1　双击所要旋转对象效果

（3）将鼠标光标移动到端点的双向箭头上，当鼠标光标呈 ↻ 形状时，拖动鼠标即可对其旋转，效果如图 5.3.2 所示。

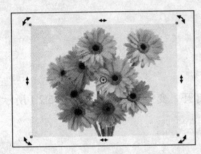

图 5.3.2　旋转效果

注意　若对象处于选中状态，则单击即可进入旋转模式，这时将鼠标移动到对象两侧的双向箭头上，当鼠标呈 ‖ 形状时拖动鼠标，则可以将对象进行斜切，如图 5.3.3 所示。

图 5.3.3　斜切效果

5.3.2　使用泊坞窗进行旋转

使用泊坞窗旋转对象的方法如下：

（1）选中所要旋转的对象。

（2）选择 排列(A) → 变换(F) → 旋转(R) 命令，打开"变换"泊坞窗，如图 5.3.4 所示。

图 5.3.4 "变换" 泊坞窗

（3）在 旋转:选项区中的 角度:数值框中输入对象所要旋转的角度值，在 中心:数值框中输入对象的旋转中心的坐标值。

（4）单击 应用 按钮即可实现对象的精确旋转。

5.4 复制、再制与删除对象

在图形的创作过程中，常常需要对所要编辑的图形进行复制或对不需要的图形进行删除。

5.4.1 复制、剪切和粘贴对象

复制、剪切与粘贴命令配套使用。使用复制命令可保持在原对象不变的情况下，再创建一个副本；而剪切则是将原对象删除后，再创建一个副本。

复制、剪切和粘贴对象的方法如下：

（1）选中所要进行操作的对象。

（2）选择 编辑(E) → 复制(C) 命令或选择 编辑(E) → 剪切(T) 命令，将对象复制或剪切到剪贴板中。

（3）选择 编辑(E) → 粘贴(P) 命令即可。

5.4.2 再制对象

再制对象与复制对象都可将对象进行复制，但又有本质上的不同，再制对象可以不通过剪贴板直接进行复制。

再制对象的方法如下：

（1）单击工具箱中的"挑选工具"按钮 ，选中所要进行再制的对象。

（2）选择 编辑(E) → 再制(D) 命令即可，如图 5.4.1 所示。

图 5.4.1 再制对象

再制的对象与原对象在水平和垂直方向上有一定位置上的偏移，而复制粘贴后的对象与原对象之间完全重合。

5.4.3　复制对象属性

复制对象属性功能可以将一个对象的属性复制到其他对象上，包括对象的轮廓线、轮廓色以及填充等。要使用复制对象属性功能，其具体的操作方法如下：

（1）选择需要复制其他对象属性的对象后，选择菜单栏中的 编辑(E) → 复制属性自(M)… 命令，弹出 复制属性 对话框，如图 5.4.2 所示。

图 5.4.2　"复制属性"对话框

（2）在对话框中选中相应的复选框，可将相应的属性复制到所选的对象上。

（3）单击 确定 按钮，此时光标显示为 ➡ 形状，将鼠标光标移至其他对象上单击，即可将该对象的属性复制到所选对象上，如图 5.4.3 所示。

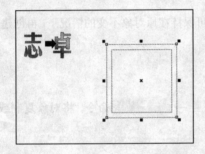
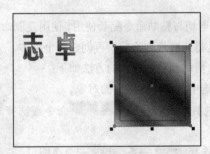

图 5.4.3　复制对象的填充属性

5.4.4　删除对象

对于不需要的对象可将其删除，删除的方法如下：

（1）选中需要删除的对象。

（2）选择 编辑(E) → 删除(L) 命令或按"Delete"键即可。

5.5　缩放和镜像对象

对对象进行缩放和镜像操作的方法如下：

（1）选中需要进行该操作的对象。

（2）选择 排列(A) → 变换(F) → 比例(S) 命令，可打开"变换"泊坞窗，如图 5.5.1 所示。

图 5.5.1　"变换"泊坞窗

（3）在 缩放：选项区中的 水平：和 垂直：后的数值框中输入缩放和镜像对象的缩放值。

（4）在 镜像：选项区中，可单击"水平镜像"按钮 或"垂直镜像"按钮 设置选中对象镜像的方向。

（5）单击 应用 按钮即可缩放或镜像所选对象。

5.6　调整对象的顺序

当多个对象叠加在一起时，最上面的对象将会遮挡下面的对象与其重叠的部分，调整对象的顺序可改变这种状况。

调整对象顺序的方法如下：

（1）选中需要调整顺序的对象。

（2）选择 排列(A) → 顺序(O) 命令，在顺序子菜单中选择合适的命令即可，如图 5.6.1 所示。

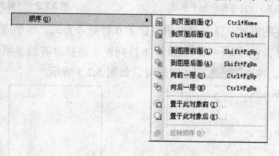

图 5.6.1　顺序子菜单

顺序子菜单中各命令的含义如下：

（1） 到页面前面(Y)：将所选的对象排放在最前面。

（2） 到页面后面(K)：将所选的图形对象排放在所有对象的最后面。

（3） 到图层前面(L)：将所选的对象图层中的顺序向前移动一层。

（4） 到图层后面(A)：将所选的对象图层中的顺序向后移动一层。

（5） 向前一层(O)：将所选的对象向前移动一层。

（6） 向后一层(N)：将所选的对象向后移动一层。

（7） 置于此对象前(T)…：选择该命令后，当光标显示为 ➡ 形状时，将光标移至指定的对象上单击，即可将所选的对象排放在指定对象的前面。

（8） 置于此对象后(E)…：选择该命令后，当光标显示为 ➡ 形状时，将光标移至指定的对象上单击，即可将所选的对象排放在指定对象的后面。

（9）<kbd>ↄ 反转顺序 (R)</kbd>：选择该命令后，可将所有选中的对象逆向排序。

5.7 对齐与分布对象

对于绘图页面中的多个对象，可使用对齐和分布的功能来使其在水平方向或垂直方向快速地对齐或分布。

5.7.1 对齐对象

对齐对象的方法如下：

（1）选中绘图页面中所要对齐的对象。

（2）选择 <kbd>排列 (A)</kbd> → <kbd>对齐和分布 (A)</kbd> 命令，在弹出的子菜单中选择对齐的方式，如图 5.7.1 所示。也可以在对齐和分布子菜单中选择 <kbd>对齐和分布 (A)…</kbd> 命令，弹出 <kbd>对齐与分布</kbd> 对话框，如图 5.7.2 所示。

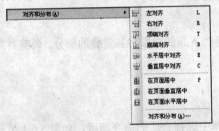

图 5.7.1 对齐和分布子菜单

图 5.7.2 "对齐与分布"对话框

在对话框中选择对齐的方式，该对话框中提供了 6 种对齐方式。水平方向有左、中和右 3 种；垂直方向有上、中和下 3 种。在 <kbd>对齐对象到 (O)：</kbd> 下拉列表中选择对齐的参照标准。

（3）设置完成之后，单击 <kbd>应用</kbd> 按钮即可，如图 5.7.3 所示。

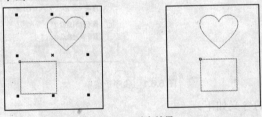

图 5.7.3 对齐效果

5.7.2 分布对象

分布对象的方法如下：

（1）选中所要进行分布操作的对象。

（2）选择 <kbd>排列 (A)</kbd> → <kbd>对齐和分布 (A)</kbd> 命令，在弹出的子菜单中可选择分布的方式。

（3）若要精确地分布对象，可在对齐和分布子菜单中选择 <kbd>对齐和分布 (A)…</kbd> 命令，在弹出的 <kbd>对齐与分布</kbd> 对话框中选择 <kbd>分布</kbd> 选项卡，如图 5.7.4 所示。

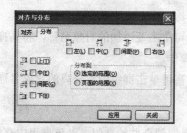

图 5.7.4 "对齐与分布"对话框

（4）在该对话框中选择分布的方式，有 8 种对齐方式。水平方向上有左、中、间距和右 4 种；垂直方向有上、中、间距和下 4 种。

（5）在 分布到 选项区中选择对象分布的范围。选定范围有两种：一种是在选定的对象之间进行分布；一种是在绘图页面范围内对选定的对象进行分布。

（6）设置完成后，单击 应用 按钮即可。

5.8　群组和结合对象

在 CorelDRAW X4 中可以将多个对象进行群组和结合，从而使其成为一个整体，使用户便于操作和管理。

5.8.1　群组对象

群组是指把所有选中的对象捆绑在一起，从而形成一个整体。群组中对象的各个属性都不发生改变，对群组中的对象可同时进行移动或填充等操作。

1．群组对象

群组对象的方法如下：

（1）选中所有需要群组的对象。

（2）选择 排列(A) → 群组(G) Ctrl+G 命令即可。

2．在群组中添加或移出对象

在群组中添加或移出对象的方法如下：

（1）选择 窗口(W) → 泊坞窗(D) → 对象管理器 (N) 命令，打开 对象管理器 泊坞窗，如图 5.8.1 所示。

图 5.8.1 "对象管理器"泊坞窗

（2）单击"显示对象属性"按钮 。

（3）若要将对象添加到群组可单击要添加的对象名称，将其拖动到所要加入到的群组中松开鼠标即可实现将对象添加入群组的操作。

（4）若要将对象从群组中分离可单击群组中要分离的对象名称，将其拖到该群组之外即可。

3．取消群组

取消群组有两种情况：一种是取消合并的群组，若该群组中有多个群组则只能取消一层的群组；另一种是将所有层中的所有群组取消，使其分离为一个个独立的对象。

取消群组的方法如下：

（1）选中所要取消的群组。

（2）选择 排列(A) → 取消群组(U) 命令即可。

取消所有群组的方法如下：

（1）选中所要取消的群组。

（2）选择 排列(A) → 取消全部群组(N) 命令即可。

5.8.2 结合对象

结合对象是指将不同的对象结合在一起，使其成为一个全新的对象。结合与群组看似相似，但实际不同。群组是将所有的对象捆绑在一起，各个对象的属性不变；而结合则是将各个对象合并在一起，对象之间的相对位置不发生变换，所有对象的属性变为统一属性。

结合对象主要应用于以下两种情况：

（1）如果文件中的节点和曲线过多，可以通过将其结合以减小节点和曲线的数量，从而节省存储空间并加快绘制的速度。

（2）将多个对象结合为一个对象，可使用节点编辑器对其进行编辑。

结合对象的方法如下：

（1）选中所要结合的所有对象。

（2）选择 排列(A) → 结合(C) 命令或单击属性栏上的"结合"按钮 即可。

按照结合后生成效果的不同，可分为以下 3 种情况：

（1）单击"挑选工具"按钮 ，将需要结合的对象进行框选，再执行结合命令，则最后生成的新对象保留位于最底层对象的内部颜色、轮廓色、轮廓线粗细等属性，如图 5.8.2 所示。

图 5.8.2　将框选对象进行结合

（2）单击"挑选工具"按钮 ，按住"Shift"键的同时单击各个对象，将所需的对象逐个进行选取，则生成的新对象保留最后选取的对象的内部颜色、轮廓色、轮廓线粗细等属性，如图 5.8.3 所示。

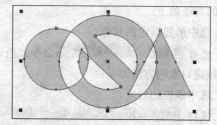

图 5.8.3　将逐个选取的对象进行结合

（3）将线条与封闭对象进行结合，则生成新对象中的线条具有封闭对象的属性，如图 5.8.4 所示。

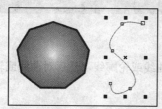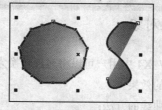

图 5.8.4　将线条与封闭对象进行结合

5.8.3　拆分对象

对于已结合的对象，可将其拆分为结合前的状态。拆分的方法如下：

（1）选中所要拆分的对象整体。

（2）选择 排列(A) → 拆分命令或单击属性栏上的"拆分"按钮 即可，如图 5.8.5 所示。

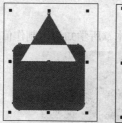

图 5.8.5　拆分对象效果

　注意

群组和结合操作要在两个或两个以上对象间进行。

5.9　锁定与转换对象

在编辑对象时，还可以将对象锁定或转换，以适应创作的需要。

5.9.1　锁定对象

在进行创作时，对于已编辑完成的对象不需要再进行编辑操作，可以将其锁定。锁定的对象可以是一个或多个对象，也可以是群组的对象。

锁定的方法如下:

(1)选中所要锁定的对象。

(2)选择 排列(A) → 🔒 锁定对象(L) 命令,当该对象四周出现 🔒 标记时,则表示该对象已被锁定。

解除锁定对象的方法如下:

(1)选中锁定的对象。

(2)选择 排列(A) → 🔒 锁定对象(L) 或 排列(A) → 🔓 解除锁定全部对象(J) 命令即可。

> **注意**
>
> 使用挑选工具不能同时选中锁定对象和未锁定对象。

5.9.2 转换对象

在 CorelDRAW X4 中用户可以将对象转换为曲线或轮廓线,然后对曲线或轮廓线进行编辑,从而制作出一些特殊的效果。

将对象转换为曲线的方法:

(1)将所要转换为曲线的对象选中。

(2)选择 排列(A) → 🔾 转换为曲线(V) 命令。

前面涉及将轮廓转换为对象的知识,选择 排列(A) → 🔲 将轮廓转换为对象(E) Ctrl+Shift+Q 命令可以将选中的图形和轮廓分离开来,用户可以用鼠标将分离出的对象从轮廓中拖曳出来,并对其单独进行编辑。

5.10 典型实例——制作信纸

本节主要介绍在 CorelDRAW X4 中,利用本章所学知识,制作信纸效果,如图 5.10.1 所示。

图 5.10.1 效果图

创作步骤

(1)新建一个图形文件,双击工具箱中的“矩形工具”按钮 🔲,即可绘制与页面相同大小的矩形对象。

(2)在填充工具组中单击“渐变填充对话框”按钮 ■,弹出 渐变填充 对话框,设置渐变颜色为红色到白色的渐变,设置其他参数如图 5.10.2 所示。

(3)单击 确定 按钮,可填充矩形对象,如图 5.10.3 所示。

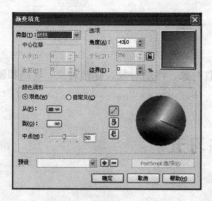

图 5.10.2 "渐变填充"对话框

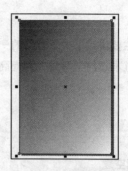

图 5.10.3 为对象填充渐变

（4）单击工具箱中的"手绘工具"按钮 ，按住"Ctrl"键的同时在绘图区中拖动鼠标绘制直线，如图 5.10.4 所示。

（5）将直线的轮廓宽度设置为 0.3 mm，按"Ctrl+C"键复制该对象到剪贴板上，再按"Ctrl+V"键多次，将会在原直线位置粘贴多个直线对象。使用挑选工具框选粘贴的直线对象，然后选择菜单栏中的 排列(A) → 对齐和分布(A) → 对齐和分布(A)… 命令，弹出 对齐与分布 对话框，选择 分布 选项卡，设置参数如图 5.10.5 所示。

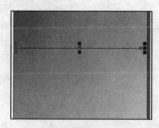

图 5.10.4 绘制直线

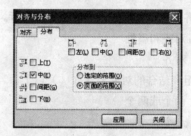

图 5.10.5 "分布"选项卡

（6）单击 应用 按钮，可使所选的多个直线对象相对于页面范围分布排列，如图 5.10.6 所示。

（7）使用挑选工具选择页面顶部与底部的直线对象，按"Delete"键将其删除，如图 5.10.7 所示。

（8）按"Ctrl+I"键导入一幅图片，将其移至适当位置，如图 5.10.8 所示。

（9）选择 排列(A) → 顺序(O) → 向后一层(N) 命令，将导入的图片后移一层，最终效果如图 5.10.1 所示。

图 5.10.6 分布排列对象

图 5.10.7 最终的信纸效果

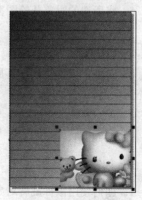

图 5.10.8 导入图片

小　　结

　　本章主要讲述了关于对象的一些操作，包括选取对象、移动对象、旋转对象、复制和删除对象等操作，通过本章的学习将大大提高创作的效率。

过关练习五

一、填空题

1. 移动的方法有两种：一种使用鼠标进行移动；另一种使用＿＿＿＿＿＿进行移动。

2. 旋转的方法有两种：一种使用＿＿＿＿＿＿进行旋转；另一种使用泊坞窗进行旋转。

3. ＿＿＿＿＿＿工具用于选择一个或多个需要编辑的对象。

4. 使用＿＿＿＿＿＿命令不仅可以复制对象，还可复制对象的旋转、移动以及缩放等属性。

5. 使用＿＿＿＿＿＿命令可以把一个对象的属性复制到其他对象上。

二、选择题

1. 对齐对象可使用（　　）对话框来进行。
   A. 对齐和属性　　　　　　　　　　B. 对齐与分布
   C. 对齐　　　　　　　　　　　　　D. 分布

2. 群组和结合的对象要在（　　）以上。
   A. 两个或两个　　　　　　　　　　B. 3 个
   C. 一个　　　　　　　　　　　　　D. 4 个

3. 使用（　　）命令可以将对象复制到剪贴板上，并将对象从原位置清除。
   A. 再制　　　　　　　　　　　　　B. 复制
   C. 剪切　　　　　　　　　　　　　D. 粘贴

4. 使用（　　）功能可以使多个对象融合在一起，成为一个全新形状的对象，并且不再具有原有对象的属性。
   A. 群组　　　　　　　　　　　　　B. 结合
   C. 锁定　　　　　　　　　　　　　D. 拆分

5. 将所选的对象从绘图窗口中删除，同时把它放在剪贴板上，这种操作是（　　）。
   A. 复制　　　　　　　　　　　　　B. 再制
   C. 仿制　　　　　　　　　　　　　D. 剪切

6. 对象形成群组后，其原有属性（　　）改变，但形成群组后所执行的每一步操作将会作用到每一个对象上。
   A. 会　　　　　　　　　　　　　　B. 不会
   C. 也许　　　　　　　　　　　　　D. 部分

三、问答题

1. 如何使用鼠标旋转对象？

2．如何在 CorelDRAW X4 中复制对象？

3．如何取消选择的对象？

四、上机操作题

1．新建一个图形文件，使用基本绘图工具在绘图区中绘制两个或多个重叠在一起的图形对象，使用结合功能将其进行结合，并练习排列其前后位置。

2．在绘图页面中绘制多个图形，将它们进行对齐、分布和排序处理，制作出新的效果。再使用群组和结合功能编辑对象。

第 6 章 对象的变形

本章是在前一章的基础上讲述有关对象变形的操作，利用该操作可以将对象进行任意形状的调整，使之更符合设计的要求。

本章重点

（1）剪裁、切割、擦除和虚拟段删除对象。

（2）涂抹笔刷、粗糙笔刷和自由变换工具。

（3）造形对象。

（4）交互式变形对象。

（5）封套变形对象。

6.1 剪裁、切割、擦除和虚拟段删除对象

CorelDRAW X4 中提供了一系列用于对象变形编辑的工具，利用这些工具，用户可以灵活地编辑与修改对象，以满足设计需要。这一节主要介绍裁剪工具组各个工具的功能和操作方法。裁剪工具组如图 6.1.1 所示。

图 6.1.1 裁剪工具组

6.1.1 裁剪工具

利用裁剪工具 可以方便地裁剪矢量图形以及位图图像。

用挑选工具选中需要裁剪的对象，单击工具箱中的"裁剪工具"按钮 ，在所选择的对象上拖动鼠标，根据拖动出裁剪框的大小重新设置图片的大小，双击鼠标完成图像的裁剪，如图 6.1.2 所示。

图 6.1.2 裁剪图像

也可通过设置裁剪工具的属性栏精确设置裁剪对象的大小，如图 6.1.3 所示。

图 6.1.3 裁剪工具属性栏

x: 127.758 mm
y: 112.568 mm 微调框：用于设置裁剪框的位置。

47.09 mm
52.136 mm 微调框：用于设置裁剪框的大小。

.0 微调框：用于设置裁剪框的旋转角度。

6.1.2 刻刀工具

在 CorelDRAW X4 中可使用刻刀工具来切割对象，切割的对象可以是路径、矢量图形，还可以是位图图像，如图 6.1.4 所示。

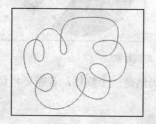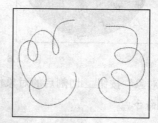

切割路径

切割矢量图形

切割位图

图 6.1.4 切割对象

使用刻刀工具切割对象的方法如下：

（1）选中所要切割的对象。

（2）单击工具箱中的"刻刀工具"按钮 。

（3）单击其属性栏中的"剪切时自动闭合"按钮 或"成为一个对象"按钮 ，如图 6.1.5 所示。

图 6.1.5 "刻刀和橡皮擦工具"属性栏

"剪切时自动闭合"按钮 ![icon]：使用该工具可将一个封闭的整体对象切割成独立的封闭对象。

"成为一个对象"按钮 ![icon]：使用该工具可使切割后的所有部分仍然是一个整体。

（4）将鼠标移动到所需切割的对象上，当鼠标光标呈 ![icon] 形状时，拖动鼠标即可，如图 6.1.6 所示。

图 6.1.6 切割对象

使用"成为一个对象"按钮 ![icon] 切割后的对象仍然是一个整体，若需要将切割后的对象拆开，可选择 排列(A) → ![icon]拆分命令。

6.1.3 擦除工具

使用工具箱中的擦除工具，可将对象中的多余部分擦除。

使用橡皮擦工具擦除对象的方法如下：

（1）单击工具箱中的"橡皮擦工具"按钮 ![icon]。

（2）在其属性栏中单击"擦除时自动减少"按钮 ![icon]，可在擦除时自动减少节点的数量。

（3）在其属性栏中单击"圆形/方形"按钮 ![icon]，可切换圆形或方形的橡皮擦形状。

（4）在其属性栏中 ![icon]1.0 mm 数值框中输入数值，可设置橡皮擦的大小。

（5）在所要擦除的对象上拖动鼠标即可，如图 6.1.7 所示。

图 6.1.7 擦除对象

6.1.4 虚拟段删除

虚拟段删除 ![icon] 是一个对象形状编辑工具，它可以删除相交对象中两个交叉点之间的线段，从而产生新的图形效果。

虚拟段删除的具体方法如下：

（1）用挑选工具 选中对象，然后选择删除虚设线工具 。

（2）移动鼠标至需要删除的线段处，此时删除虚设线工具的图标会竖立起来，单击鼠标即可删除选定的线段，如图 6.1.8 所示。

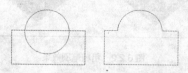

图 6.1.8　使用虚拟段删除后的效果

（3）如果想要同时删除多个虚设线，可拖动鼠标在这些线段附近绘制出一个范围选取虚线框，然后释放鼠标即可，如图 6.1.9 所示。

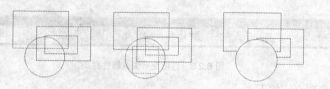

图 6.1.9　使用虚拟段同时删除多个虚设线后的效果

6.2　涂抹笔刷、粗糙笔刷和自由变换工具

涂抹笔刷、粗糙笔刷和自由变换工具是基于矢量图形的变形工具。

1. 涂抹笔刷、粗糙笔刷

涂抹笔刷和粗糙笔刷可应用的对象有以下 3 种：

（1）开放或闭合的路径。

（2）应用了纯色填充和交互式渐变填充的对象。

（3）应用了交互式透明和交互式阴影效果的对象。

涂抹笔刷和粗糙笔刷不能应用的对象有以下两种：

（1）交互式立体化的对象。

（2）位图图像。

利用涂抹笔刷在矢量图形对象边缘或内部任意涂抹，可达到变形的效果，其使用方法如下：

（1）单击工具箱中的“涂抹笔刷”按钮 。

（2）将鼠标光标移动到需要变形的位置拖动鼠标即可，如图 6.2.1 所示。

图 6.2.1　涂抹笔刷效果

粗糙笔刷的使用方法和涂抹笔刷的使用方法相同，在此不再赘述了，其效果如图 6.2.2 所示。

图 6.2.2　粗糙笔刷效果

2. 自由变形工具

选中需变形的对象，单击工具箱中的"自由变形工具"按钮，打开如图 6.2.3 所示的自由变形工具属性栏。

图 6.2.3　自由变形工具属性栏

该属性栏中各选项介绍如下：

"自由旋转工具"按钮：用于旋转对象。

（1）用挑选工具选中对象，然后选择自由变换工具，并单击其属性栏中的"自由旋转工具"按钮。

（2）将光标移至绘图页中的某处单击并拖动鼠标，则被选中的图形对象将以单击处为参考点，随着鼠标的移动而旋转，如图 6.2.4 所示。

图 6.2.4　使用"自由旋转工具"后的效果

"自由角度镜像工具"按钮：用于将对象移动到它的映像位置。

"自由调节工具"按钮：用于调节对象的尺寸大小。

"自由扭曲工具"按钮：用于将所选对象沿不同方向进行倾斜。

6.3　造形对象

选择 排列(A) → 造形(P) 命令，在造形子菜单中选择合适的命令，可实现对对象的焊接、修剪、相交等操作，如图 6.3.1 所示。

图 6.3.1　修整子菜单

6.3.1 焊接对象

焊接命令可使两个或多个对象结合在一起，从而形成一个新的对象，焊接的对象可以是重叠的也可以是不重叠的。

焊接对象的方法如下：

（1）选择需要焊接的对象。

（2）选择 排列(A) → 造形(P) → 造形(P) 命令，在打开的"造形"泊坞窗选择 焊接 选项，如图6.3.2所示。

（3）在该泊坞窗中选中 ☑ 来源对象 复选框，焊接前首先选择的对象将保留在文件中。选中 ☑ 目标对象 复选框，焊接前第二个选择对象将保留在文件中。

（4）单击 焊接到 按钮，当光标呈 形状时，单击目标对象即可，如图6.3.3所示。

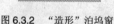

图6.3.2 "造形"泊坞窗

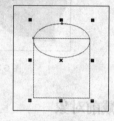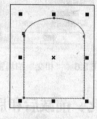

图6.3.3 焊接对象效果

6.3.2 修剪对象

修剪命令可使两个对象的重叠部分删除，从而实现对象变形的效果。

修剪对象的方法如下：

（1）选择需要修剪的对象。

（2）选择 排列(A) → 造形(P) → 修剪(T) 命令，在打开的"造形"泊坞窗选择 修剪 选项，如图6.3.4所示。

（3）单击 修剪 按钮，当光标呈 形状时，单击目标对象即可，如图6.3.5所示。

图6.3.4 "造形"泊坞窗

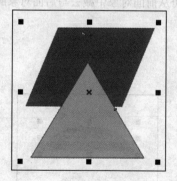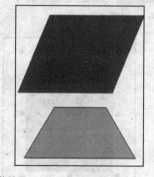

图6.3.5 修剪效果

选定多个对象时，属性栏中会出现修剪对象的各个按钮，单击相应的按钮可得到不同的修剪效果。

6.3.3 相交对象

相交命令可得到两个或多个对象相交区域的图形，从而实现变形效果。

相交对象的方法如下：

（1）选择需要相交的对象。

（2）选择 `排列(A)` → `造形(P)` → `相交(I)` 命令，在打开的相交泊坞窗选择 **相交** 选项，如图 6.3.6 所示。

（3）单击 `相交` 按钮，当光标呈 形状时，单击目标对象即可，如图 6.3.7 所示。

图 6.3.6 "相交"泊坞窗

图 6.3.7 相交对象效果

6.3.4 简化、前减后和后减前对象

选择 `排列(A)` → `造形(P)` → `简化(S)` 命令，可从后面对象中减去与前面对象的重叠部分，而前面对象保持不变，如图 6.3.8 所示。

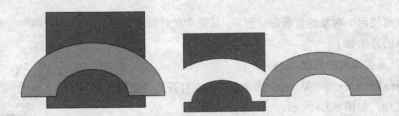

图 6.3.8 简化效果

选择 `排列(A)` → `造形(P)` → `前减后(F)` 命令，可从前面对象中减去与后面对象的重叠部分，只保留前面对象的剩余部分，如图 6.3.9 所示。

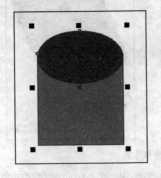

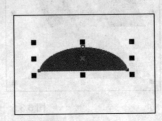

图 6.3.9 前减后效果

选择 排列(A) → 造形(P) → 后减前(B) 命令，可从后面对象中减去与前面对象的重叠部分，只保留后面对象的剩余部分，如图 6.3.10 所示。

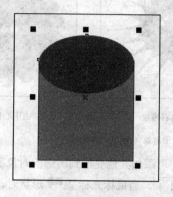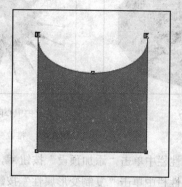

图 6.3.10 后减前效果

6.4 交互式变形对象

单击工具箱中的"交互式变形工具"按钮 ，其属性栏如图 6.4.1 所示。

图 6.4.1 "交互式变形工具"属性栏

利用该属性栏中的推拉变形工具、拉链变形工具和扭曲变形工具可实现变形操作。

6.4.1 推拉变形对象

推拉变形对象的方法如下：

（1）选中所要进行变形的对象，单击工具箱中的"交互式变形工具"按钮 。

（2）在其属性栏中单击"推拉变形"按钮 。

（3）鼠标拖动所要变形的对象即可产生变形效果，变形的效果和鼠标推拉对象的方向和位置有关。如图 6.4.2 所示为在不同位置向不同方向推拉对象的效果。

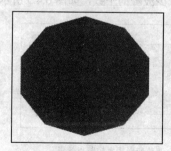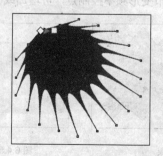

由顶点向右推拉   由顶点向左推拉

图 6.4.2 推拉变形对象

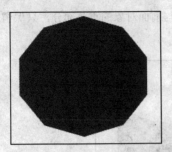 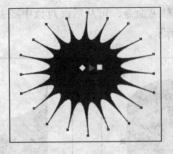 

由中心向右推拉　　　　　　　　由中心向左推拉

图 6.4.2　推拉变形对象（续）

（4）在其属性栏中单击"添加预设"按钮 ，可添加其他变形到所选的对象上。

（5）在其属性栏中单击"复制变形属性"按钮 ，当鼠标光标呈 形状时，将其移动到所要复制变形属性的对象中单击，可将变形效果应用到其他选中的对象上，如图 6.4.3 所示。

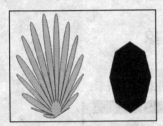 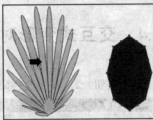 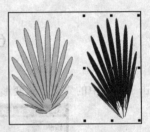

图 6.4.3　复制变形属性效果

（6）在其属性栏中单击"中心变形"按钮 ，可使变形沿对象的中心开始。

（7）在其属性栏中单击"清除变形"按钮 ，可清除变形的效果。

6.4.2　拉链变形对象

拉链变形对象的方法如下：

（1）选中所要进行变形的对象，单击工具箱中的"交互式变形工具"按钮 。

（2）在其属性栏中单击"拉链变形"按钮 。

（3）在对象上拖动鼠标即可产生拉链变形效果，如图 6.4.4 所示。

（4）拖动对象变形虚线上的调节变形频率控制点，可增加或减少波峰的个数，如图 6.4.5 所示。

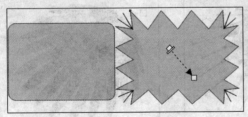 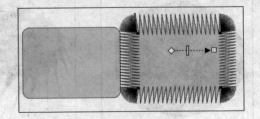

图 6.4.4　拉链变形效果　　　　　　　　图 6.4.5　调节变形频率控制点效果

（5）在其属性栏中单击"随机变形"按钮 、"平滑变形"按钮 或"局部变形"按钮 可改变对象边缘锐角的程度，如图 6.4.6 所示。

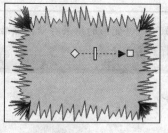
随机变形

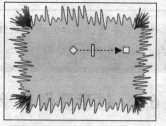
平滑变形

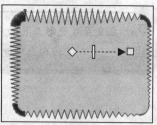
局部变形

图 6.4.6　拉链变形的 3 种效果

6.4.3　扭曲变形对象

扭曲变形对象的方法如下：

（1）选中所要进行变形的对象，单击工具箱中的"交互式变形工具"按钮 。

（2）在其属性栏中单击"扭曲变形"按钮 。

（3）在对象上拖动鼠标沿不同的方向进行旋转，可实现扭曲变形的效果，如图 6.4.7 所示。

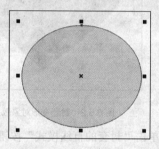
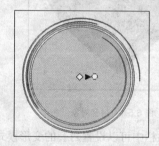

图 6.4.7　扭曲变形效果

（4）在其属性栏中单击"顺时针旋转"按钮 可使旋转变形的方向按顺时针方向进行；单击"逆时针旋转"按钮 可使旋转变形的方向按逆时针方向进行；单击"中心变形"按钮 可使旋转变形由中心开始旋转，如图 6.4.8 所示。

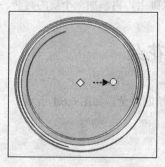
顺时针旋转

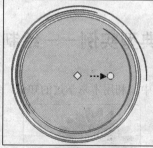
逆时针旋转

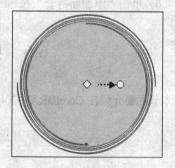
中心旋转

图 6.4.8　旋转变形的 3 种效果

（5）在 数值框中可输入所选对象变形旋转的圈数。

（6）在 数值框中可输入所选对象在原来旋转的基础上再旋转的角度。

技巧 在交互式变形工具的属性栏中单击"添加预设"按钮⊕，将变形的结果存储，然后在 预设... ▼下拉列表中选择存储的变形样式，即可将该样式套用于选中的对象上。

6.5　封套变形对象

交互式封套工具可通过调节封套的形状来改变对象的外观。

交互式封套工具的使用方法如下：

（1）选中需要使用封套的对象。

（2）单击工具箱中的"封套"按钮，系统可自动为该对象添加默认的封套，如图 6.5.1 所示。

（3）鼠标拖动封套上的节点，可实现对象的变形，如图 6.5.2 所示。

　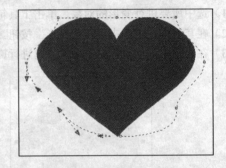

图 6.5.1　封套对象　　　　　　　　　图 6.5.2　封套变形对象效果

（4）在其属性栏中可以设置封套的变形模式，单击"封套的直线模式"按钮，可对封套的节点进行水平和垂直方向的移动；单击"封套的单弧模式"按钮，可使封套外形以弧形调整；单击"封套的双弧模式"按钮，可使封套外形以 S 形调整；单击"封套的非强制模式"按钮，可随意拖动节点，来调整对象的外观。

（5）在 自由变形 ▼ 下拉列表中选择将对象装入封套的映射方式。

（6）单击"添加新封套"按钮，可在原有已添加封套的基础上，再添加一个新的封套。

6.6　典型实例——绘制花朵

本节主要介绍在 CorelDRAW X4 中，利用本章学过的知识，绘制花朵，如图 6.6.1 所示。

图 6.6.1　效果图

创作步骤

（1）新建一个图形文件，单击工具箱中的"多边形工具"按钮 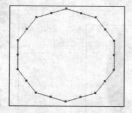，在绘图区中拖动鼠标绘制多边形对象，如图 6.6.2 所示。

（2）单击工具箱中的"交互式变形工具"按钮 ，在属性栏中单击"推拉变形"按钮 ，将鼠标光标移至多边形对象上，按住鼠标左键由中心向左拖动，即可变形对象，如图 6.6.3 所示。

图 6.6.2　绘制多边形　　　　　　　　　图 6.6.3　推拉变形对象

（3）在交互式变形工具属性栏中单击"中心变形"按钮 ，可设置变形效果为中心变形。

（4）在调色板中单击红色色块，可将变形后的对象填充为红色，如图 6.6.4 所示。

（5）使用挑选工具选择填充后的对象，将鼠标光标移至四个角的任意一个控制点上，按住"Shift"键的同时拖动控制点等比例缩小对象，至适当位置后单击鼠标右键可复制对象，再将其填充为黄色，效果如图 6.6.5 所示。

（6）使用挑选工具框选红色对象与黄色对象，在调色板中用右键单击 图标，可将所选对象的轮廓线去除。

图 6.6.4　填充变形对象为红色　　　　　　　图 6.6.5　复制对象并填充

（7）单击工具箱中的"贝塞尔工具"按钮 ，在绘图区中绘制一条曲线，将轮廓颜色设置为绿色，宽度设置为 3.8 mm，如图 6.6.6 所示。

（8）单击工具箱中的"椭圆形工具"按钮 ，在绘图区中绘制椭圆，按"Ctrl+Q"键将其转换为曲线，然后使用形状工具调整椭圆对象的形状，如图 6.6.7 所示。

（9）在调色板中单击绿色色块，将其填充为绿色，去除其轮廓线，如图 6.6.8 所示。

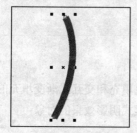

图 6.6.6　绘制线条并设置其属性　　图 6.6.7　绘制椭圆并调整其形状　　图 6.6.8　填充颜色并去轮廓线

（10）单击工具箱中的"交互式变形工具"按钮 ，并在属性栏中单击"拉链变形"按钮 ，在透明效果的对象上拖动鼠标创建拉链变形，并在属性栏中设置参数如图 6.6.9 所示，设置变形后的效果如图 6.6.10 所示。

（11）将变形后的对象旋转并移至适当位置，如图 6.6.11 所示。

图 6.6.9　拉链效果属性栏

图 6.6.10　拉链变形后的效果

图 6.6.11　旋转对象

（12）再将该对象复制一份，放大并旋转至适当位置，此时花朵绘制完成，最终效果如图 6.6.1 所示。

小　　结

本章主要讲述了对象变形的几种工具和命令的使用，如裁剪工具、橡皮擦工具、交互式变形命令等，这些工具和命令可实现对象的各种变形效果，从而达到创作的需要。

过关练习六

一、填空题

1. 切割的对象可以是路径、矢量图形，还可以是_____。

2. 选择 排列(A) → 造形(P) 命令，在造形子菜单中选择合适的命令，可实现对象的_____、修剪、相交等操作。

3. 在绘制图形对象时，如果需要将两个图形进行焊接或用一个图形对象修剪另一个图形对象，需要使用 CorelDRAW X4 提供的_____功能。

4. 使用交互式变形工具可以对对象创建 3 种变形效果，即_____、_____和_____。

5. 在 CorelDRAW X4 中提供了 4 种封套的模式，即_____、_____、_____和
_____。

二、选择题

1. 涂抹笔刷和粗糙笔刷可应用的对象有（　）。

　　A. 开放或闭合的路径　　　　　　　　B. 应用了纯色填充和交互式渐变填充的对象

　　C. 应用了交互式透明效果的对象　　　D. 应用了交互式阴影效果的对象

2. 使用交互式变形工具可实现（　）效果。

　　A. 拉链变形　　　　　　　　　　　　B. 自由变形

C. 扭曲变形　　　　　　　　　　D. 推拉变形

3.（　　）对象是将两个或多个对象的重叠区域创建为一个新的对象。

　　A. 修剪　　　　　　　　　　　　B. 相交

　　C. 前减后　　　　　　　　　　　D. 焊接

4. 在 CorelDRAW X4 中交互式变形工具提供了（　　）种变形工具。

　　A. 3　　　　　　　　　　　　　　B. 6

　　C. 4　　　　　　　　　　　　　　D. 2

三、问答题

1. 交互式变形工具中包括哪几种变形方式？

2. 如何用裁剪工具裁剪图像？

四、上机操作题

绘制矩形，对其执行变形操作，将其变形为如题图 6.1 所示的花朵。

题图 6.1　花朵

第 7 章　色彩的填充与特殊效果的应用

本章将主要介绍在 CorelDRAW X4 中有关色彩填充的操作，在 CorelDRAW 中对于所绘制的图形不仅可以进行变形操作，还可以填充颜色。

本章重点

（1）调色板的设置。

（2）填充对象。

（3）应用特殊效果。

7.1　调色板的设置

调色板是由一系列纯色组成的，可以从中选择填充和轮廓的颜色，使用调色板可对对象进行快速的填充。

7.1.1　选择调色板

通过选取调色板中的颜色，可以把一种颜色快速填充给图形对象。CorelDRAW X4 中提供了多种调色板，选择 窗口(W) → 调色板(L) 命令，在调色板子菜单中列出了可供选择的多种颜色调色板，如图 7.1.1 所示。

图 7.1.1　调色板子菜单

7.1.2　调色板浏览器

选择 窗口(W) → 调色板(L) → 调色板浏览器(B) 命令，可打开 调色板浏览器 泊坞窗，如图 7.1.2 所示。

1．打开调色板

打开调色板的方法如下：

（1）选择 窗口(W) → 调色板(L) → 调色板浏览器(B) 命令，打开 调色板浏览器 泊坞窗。

（2）选中所需调色板前面的复选框。

2．创建调色板

在 调色板浏览器 泊坞窗中可创建调色板。

创建一个新的空白调色板的方法如下：

（1）选择 窗口(W) → 调色板(L) → 调色板浏览器(B) 命令，打开 调色板浏览器 泊坞窗。

（2）单击"创建一个新的空白调色板"按钮 ，弹出 保存调色板为 对话框，如图 7.1.3 所示。

图 7.1.2　"调色板浏览器"泊坞窗

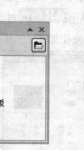

图 7.1.3　"保存调色板为"对话框

（3）在该对话框中的 文件名(N)：文本框中输入所创建调色板的名称，单击 保存(S) 按钮即可。

使用选定的对象创建一个新调色板的方法如下：

（1）选择 窗口(W) → 调色板(L) → 调色板浏览器(B) 命令，打开 调色板浏览器 泊坞窗。

（2）选择一个或多个对象。

（3）在 调色板浏览器 泊坞窗中单击"使用选定的对象创建一个新调色板"按钮 ，在弹出的 保存调色板为 对话框中进行设置。单击 保存(S) 按钮即可创建一个新的调色板，如果单击"使用文档创建一个调色板"按钮 ，则保存为使用文档创建的调色板。

使用文档创建一个调色板的方法如下：

（1）选择 窗口(W) → 调色板(L) → 调色板浏览器(B) 命令，打开 调色板浏览器 泊坞窗。

（2）确定文档中有一个或多个对象。

（3）在 调色板浏览器 泊坞窗中单击"使用文档创建一个调色板"按钮 ，在弹出的 保存调色板为 对话框中进行设置，单击 保存(S) 按钮即可。

3．调色板编辑器

单击"打开调色板编辑器"按钮 ，在打开的 调色板编辑器 对话框中可新建、打开及编辑调色板。其方法如下：

（1）选择 窗口(W) → 调色板(L) → 调色板浏览器(B) 命令，打开 调色板浏览器 泊坞窗。

（2）单击"打开调色板编辑器"按钮 ，打开 调色板编辑器 对话框，如图 7.1.4 所示。

（3）单击"新建调色板"按钮 ，可打开 新建调色板 对话框，在该对话框中进行设置，单击 保存(S) 按钮即可。

图 7.1.4 "调色板编辑器"对话框

（4）单击"打开调色板"按钮，在弹出的 **打开调色板** 对话框中选择所需要打开的调色板，单击 打开(O) 按钮即可。

（5）若在该对话框中新建了一个调色板，则可以单击"调色板另存为"按钮，将其保存。

（6）单击该对话框中的 编辑颜色(E) 按钮，可弹出 **选择颜色** 对话框，如图 7.1.5 所示，在该对话框中可编辑当前所选择的颜色，完成后单击 确定 按钮即可。

图 7.1.5 "选择颜色"对话框

（7）单击 添加颜色(A) 按钮，可为指定的调色板中添加颜色。

（8）单击 删除颜色(D) 按钮，可将所选的颜色删除。

（9）单击 将颜色排序(S) 按钮，在弹出的下拉菜单中选择颜色的排列方式。

（10）单击 重置调色板(R) 按钮，可将调色板恢复到默认设置。

7.1.3 颜色样式

选择 工具(O) → 颜色样式(Y) 命令或选择 窗口(W) → 泊坞窗(D) → ✓ 颜色样式(Y) 命令，可打开 **颜色样式** 泊坞窗，如图 7.1.6 所示。

图 7.1.6 "颜色样式"泊坞窗

该泊坞窗提供了颜色模型、混合器和调色板，还可以对一系列相似的颜色进行链接以建立"父子"关系。使用该泊坞窗的方法如下：

（1）选择 窗口(W) → 泊坞窗(D) → ✓ 颜色样式(Y) 命令，打开 颜色样式 泊坞窗。

（2）单击该泊坞窗中的"新建颜色样式"按钮，在弹出的 新建颜色样式 对话框中选择合适的颜色作为父颜色，单击 确定 按钮，则该颜色样式显示在该泊坞窗中，如图 7.1.7 所示。

"新建颜色样式"对话框

"颜色样式"泊坞窗

图 7.1.7　创建父颜色

（3）单击"新建子颜色"按钮，在弹出的 创建新的子颜色 对话框中创建子颜色，如图 7.1.8 所示。

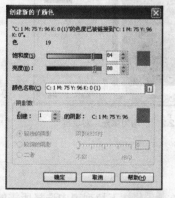
"创建新的子颜色"对话框

"颜色样式"泊坞窗

图 7.1.8　创建子颜色

（4）在该泊坞窗中选择父颜色或子颜色，再单击该泊坞窗中的"编辑颜色样式"按钮，可在弹出的相应对话框中重新编辑颜色。

（5）单击该泊坞窗中的"自动创建颜色样式"按钮，在弹出的 自动创建颜色样式 对话框中单击 确定 按钮可自动创建颜色样式，如图 7.1.9 所示。

图 7.1.9　"自动创建颜色样式"对话框

7.2 填充对象

在 CorelDRAW 中创建的图形对象都具有软件默认的填充属性，填充是对象包含的颜色属性，是图形对象的内容。但是对于开放路径对象，虽具有填充属性，却不能填充颜色。合理地填充对象，能丰富图形的效果。

7.2.1 颜色填充

单击工具箱中的"填充工具"按钮 ，可展开填充工具组，如图 7.2.1 所示。利用这些工具可对图形对象进行填充。

标准填充是 CorelDRAW 中最基本的填充方式，它可在封闭路径中填充单一颜色。单击工具箱中的"颜色"按钮 ，弹出 均匀填充 对话框，如图 7.2.2 所示。它与前面涉及的 轮廓色 对话框相似，都包括模型、混合器和调色板 3 种不同色彩模型的选项卡，现分别介绍如下：

图 7.2.1　填充工具组

图 7.2.2　"均匀填充"对话框

1．模型选项卡

在"模型"选项卡中设置颜色的方法如下：

（1）选择 均匀填充 对话框中的 模型 选项卡，在 模型(E)： 下拉列表中选择所需的色彩模型，如图 7.2.3 所示。

（2）拖动色相滑块选择所需的颜色类型，如图 7.2.4 所示。

（3）在色彩指示区中选择具体颜色，如图 7.2.5 所示。

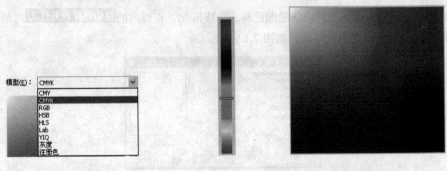

图 7.2.3　模型下拉列表　　　　图 7.2.4　选择颜色　　　　图 7.2.5　色彩指示区

2. 混合器选项卡

在"混合器"选项卡中设置颜色的方法如下：

（1）选择 均匀填充 对话框中的 混和器 选项卡，如图 7.2.6 所示，在 模型(E): 下拉列表中可选择所需的色彩模型。

（2）在 色度 下拉列表中选择一种色调。

（3）在 变化(V) 下拉列表中选择颜色的变化趋向。

（4）拖动 大小 右侧的滑块，可设置颜色窗口中的网格的多少。

（5）设置四个角的色彩，单击颜色窗口中的色块即可，如图 7.2.7 所示。

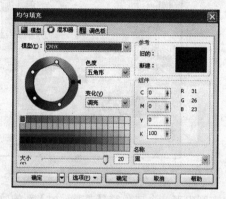

图 7.2.6　"混合器"选项卡

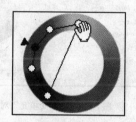

图 7.2.7　设置四个角的色彩

3. 调色板选项卡

在"调色板"选项卡中设置颜色的方法如下：

（1）选择 均匀填充 对话框中的 调色板 选项卡，如图 7.2.8 所示，在 调色板(P): 下拉列表中可选择印刷工具常见的标准调色板。

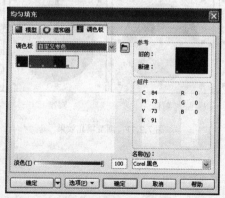

图 7.2.8　"调色板"选项卡

（2）单击颜色窗口的色块即可。

7.2.2　渐变填充

渐变填充可为对象填充渐变颜色的效果。单击工具箱中的"渐变"按钮 ，弹出 渐变填充 对话框，如图 7.2.9 所示。渐变填充包括线性、射线、圆锥和方角 4 种渐变填充方式。

渐变填充的方法如下：

（1）单击工具箱中的"渐变"按钮 ▊，弹出 渐变填充 对话框，在 类型(T) 下拉列表中选择填充方式。

（2）通过设置 选项 选项区中的 角度(A): 和 边界(E): 的数值来设置填充的角度和填充的颜色调和比例。

（3）设置 中心位移 选项区中的 水平(I): 和 垂直(V): 的数值，确定渐变中心在水平和垂直方向的位移。

（4）在 颜色调和 选项区中选中 ⊙ 双色(W) 单选按钮，可在 从(F): 和 到(O): 后的颜色框中选择所要的两种颜色。若选中 ⊙ 自定义(C) 单选按钮，则 颜色调和 选项区将发生变化，如图 7.2.10 所示。

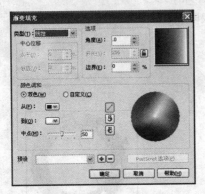

图 7.2.9　"渐变填充"对话框

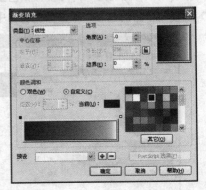

图 7.2.10　"渐变填充"对话框

在色谱标尺中的任一位置双击鼠标，在其上方则出现一个三角符号，表示加入新的颜色。单击该三角符号，在对话框右侧的颜色列表中选择所需要的颜色即可，拖动该三角符号可调节颜色的分布位置，按"Delete"键可删除此颜色。

（5）在 预设(R): 下拉列表中可选择系统的填充样式。

（6）单击 确定 按钮即可，渐变填充的效果如图 7.2.11 所示。

线性　　　　　　　射线　　　　　　　圆锥　　　　　　　方角

图 7.2.11　渐变填充效果

7.2.3　图样填充

图样填充可为对象填充图案的效果。单击工具箱中的"图样"按钮 ▊，弹出 图样填充 对话框，如图 7.2.12 所示。图案填充有双色、全色和位图 3 种填充方式。

填充图案的方法如下：

（1）单击工具箱中的"图样"按钮 ▊，弹出 图样填充 对话框。

（2）⊙ 双色(C)、⊙ 全色(F) 和 ⊙ 位图(B) 单选按钮可用于选择不同的图案填充类型。选中 ⊙ 双色(C) 单选按钮可得到两种颜色的填充图案；选中 ⊙ 全色(F) 单选按钮可得到线条和填充组成的图案；选中 ⊙ 位图(B) 单选按钮可将位图图像作为图案进行填充。

图 7.2.12　"图样填充"对话框

（3）单击图案显示下拉按钮，可在打开的样本库中选择所需要的图案，不同的图案类型对应不同的样本库，如图 7.2.13 所示。

双色样本库

全色样本库

位图样本库

图 7.2.13　样本库

（4）若选中 双色(C) 单选按钮，可单击 创建(A)... 按钮，在弹出的 双色图案编辑器 对话框中自定义图案，如图 7.2.14 所示。

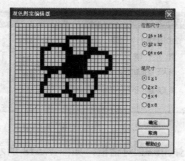

图 7.2.14　"双色图案编辑器"对话框

（5）单击 确定 按钮，图案填充的效果如图 7.2.15 所示。

图 7.2.15　图案填充效果

7.2.4 底纹填充

底纹填充可为对象填充不同的纹理。单击工具箱中的"底纹"按钮■，弹出 **底纹填充** 对话框，如图 7.2.16 所示。

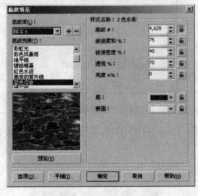

图 7.2.16 "底纹填充"对话框

底纹填充的方法如下；

（1）单击工具箱中的"底纹"按钮■，弹出 **底纹填充** 对话框。

（2）在该对话框中的 **底纹库(L)** 下拉列表中选择不同的底纹样本。

（3）选择好底纹样本之后，在其下的 **底纹列表(T)** 列表框中选择需要的底纹图案。

（4）在 **样式名称** 选项区中可进一步设置底纹的参数，单击 **预览(V)** 按钮可预览参数设置的效果。

（5）单击 **选项(O)...** 按钮可打开 **底纹选项** 对话框，如图 7.2.17 所示。在该对话框中可对底纹图案的分辨率和尺寸宽度进行设置。

图 7.2.17 "底纹选项"对话框

（6）单击 **平铺(T)...** 按钮，可弹出 **平铺** 对话框，如图 7.2.18 所示。在该对话框中可设置底纹图案的拼接方式。

（7）单击 **确定** 按钮，底纹填充的效果如图 7.2.19 所示。

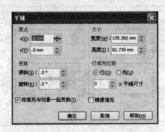

图 7.2.18 "平铺"对话框

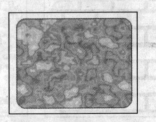

图 7.2.19 底纹填充效果

7.2.5　PostScript 填充

PostScript 填充是指用 PostScript 语言设计的一种底纹填充。单击工具箱中的"PostScript"按钮 PS，弹出 PostScript 底纹 对话框，如图 7.2.20 所示。

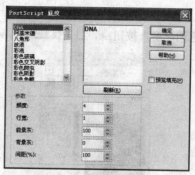

图 7.2.20　"PostScript 底纹"对话框

PostScript 底纹填充的方法如下：

（1）单击工具箱中的"PostScript"按钮，弹出 PostScript 底纹 对话框。

（2）在该对话框左侧的列表中选择所需的 PostScript 纹理，选中对话框右侧的 ☑ 预览填充(P) 复选框，可在预览窗口中预览不同的底纹效果。

（3）在 参数 选项区中可对填充的 PostScript 底纹图案的外观、行宽、前景灰度和背景灰度进行调整。

（4）单击 刷新(R) 按钮，可在预览窗口中预览更改参数后的效果。

（5）单击 确定 按钮应用 PostScript 底纹填充，其效果如图 7.2.21 所示。

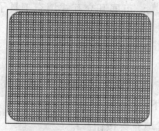

图 7.2.21　PostScript 底纹填充效果

在正常屏幕显示模式下，由 PostScript 底纹填充的对象是以 PS 两个字母作为底纹的；只有在增强模式下，才能在屏幕上显示其图案的效果。

7.2.6　取消填充

取消填充的方法如下：

（1）选中需要取消填充的对象。

（2）单击工具箱中的"无填充"按钮 ⊠ 即可。

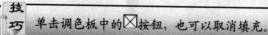

技巧　单击调色板中的 ⊠ 按钮，也可以取消填充。

7.2.7　颜色泊坞窗

在前面的章节中讲解过利用颜色泊坞窗为对象填充轮廓色，使用颜色泊坞窗也可以给对象填充内部颜色，其方法如下：

（1）选中需要填充的对象。

（2）单击工具箱中的"颜色泊坞窗"按钮 ，打开 颜色 泊坞窗，如图 7.2.22 所示。

图 7.2.22　"颜色"泊坞窗

（3）在 CMYK 下拉列表中选择一种颜色类型，拖动其下的颜色滑块来设置所需的颜色。

（4）单击 填充(F) 按钮即可。

7.2.8　交互式填充工具组

单击"交互式填充工具"按钮 ，可展开交互式填充工具子菜单，如图 7.2.23 所示。

图 7.2.23　交互式填充工具子菜单

1. 交互式填充

利用交互式填充可控制填充色，并可以在其属性栏中进行标准填充、渐变填充、图案填充、底纹填充和取消填充等设置。其方法如下：

（1）单击工具箱中的"交互式填充"按钮 。

（2）在需要填充的对象上单击鼠标左键并拖动，松开鼠标后，默认状态下以黑白渐变来填充，如图 7.2.24 所示。

（3）鼠标拖动用虚线连接的小方块，可改变渐变色起点和终点的位置和方向，如图 7.2.25 所示。

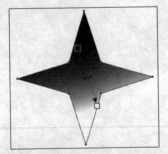

图 7.2.24　交互式填充效果

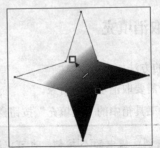

图 7.2.25　改变起点和终点的位置和方向

（4）鼠标拖动虚线上的滑块可改变渐变填充的分布状况，如图 7.2.26 所示。

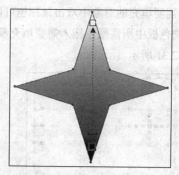

图 7.2.26　改变渐变填充的分布状况

（5）单击调色板中的色块，并将其拖至使用交互式填充的对象中，松开鼠标可得到该颜色的渐变，如图 7.2.27 所示。

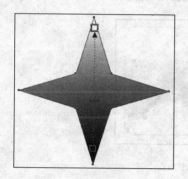
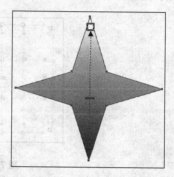

图 7.2.27　添加渐变填充的颜色

（6）在其属性栏中的  下拉列表中可选择填充的类型，如图 7.2.28 所示。

图 7.2.28　交互式填充工具属性栏

2．网状填充

单击工具箱中的"网状填充"按钮，可制作出需要的光晕效果，可以更加方便地对图形进行变形和多样填充处理。其使用方法如下：

（1）选中需要填充的对象，单击工具箱中的"交互式网状填充"按钮，则图形上出现如图 7.2.29所示的网格。

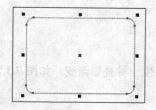
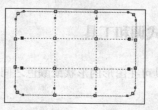

图 7.2.29　使用交互式网状填充工具出现的网格

（2）在其属性栏中的网格大小数值框中输入数值，可在垂直和水平方向上增加或减少节点的数量，或直接在需要填充的对象中双击鼠标也可以增加网格，如图 7.2.30 所示。

（3）将调色板中所需颜色拖入需要填充颜色的节点中，可将该颜色以该节点为中心，向外分散填充，如图 7.2.31 所示。

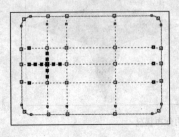 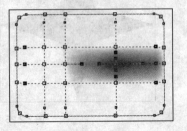

图 7.2.30　增加网格　　　　　　　　　　图 7.2.31　填充颜色

（4）用鼠标拖动对象上的节点，可将填充的颜色扭曲，如图 7.2.32 所示。

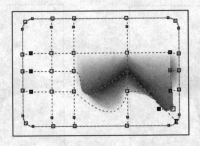

图 7.2.32　调节节点

7.3　应用特殊效果

单击"交互式调和工具"按钮 ，可展开交互式工具组，如图 7.3.1 所示。

	调和
	轮廓图
	变形
	阴影
	封套
	立体化
	透明度

图 7.3.1　交互式工具组

该工具组中包括前面学习过的变形和封套，本节将主要介绍其余的 5 个工具。

7.3.1　交互式调和工具

交互式调和工具可在图形的形状或颜色之间产生一种叠影渐变，如图 7.3.2 所示。其使用方法如下：

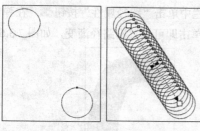
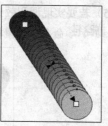

形状渐变   颜色渐变

图 7.3.2 两种调和渐变效果

（1）单击工具箱中的"调和"按钮 。

（2）鼠标从一个对象拖到另一个对象上，当在这两个对象中均显示一个矩形块时，松开鼠标，得到如图 7.3.3 所示的效果。

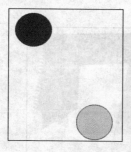
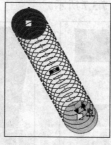

图 7.3.3 使用交互式调和工具效果

（3）其属性栏提供了"直接调和"按钮 、"顺时针调和"按钮 和"逆时针调和"按钮 ，它们可用于设置交互式调和顺序，能改变光谱色彩的变化，如图 7.3.4 所示。

直接调和   顺时针调和   逆时针调和

图 7.3.4 交互式调和顺序类型

（4）在其属性栏中的 参数框中输入数值，可调整调和对象之间的图形数量，如图 7.3.5 所示。

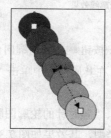

图 7.3.5 调整调和对象之间图形的形状和数量的效果

（5）若要实现调和效果沿路径渐变，可在其属性栏中单击"路径属性"按钮 ，在弹出的菜单中选择 新路径 命令。当鼠标呈黑色箭头时，在路径上单击即可设置沿路径渐变，如图 7.3.6 所示。

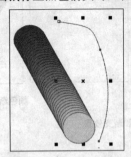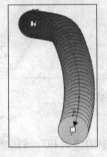

图 7.3.6 沿路径渐变

（6）若要在多个对象之间进行渐变，可在对一个对象制作完渐变之后，保持光标形状不变，再用鼠标将其拖至另外一个对象上，如图 7.3.7 所示。

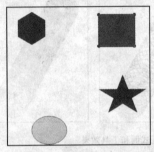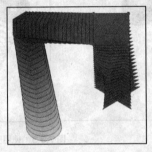

图 7.3.7 多个对象之间进行调和

7.3.2 交互式轮廓图工具

交互式轮廓图工具可使对象的轮廓线向内或向外增加，如图 7.3.8 所示。其使用方法如下：

原对象　　　　　　　　　　向内增加　　　　　　　　　　向外增加

图 7.3.8 增加轮廓线效果

（1）单击工具箱中的"轮廓图"按钮 。

（2）向内拖动鼠标或在其属性栏中单击"向内"按钮 ，则轮廓向内扩展；向外拖动鼠标或在其属性栏中单击"向外"按钮 ，则轮廓向外扩展；在其属性栏中单击"到中心"按钮 ，可得到中心轮廓图效果。

（3）属性栏提供了"线性轮廓图颜色"按钮 、"顺时针的轮廓图颜色"按钮 和"逆时针的轮廓图颜色"按钮 ，它们用于设置轮廓线填充的类型，其效果如图 7.3.9 所示。

线性轮廓图颜色　　　　　　　　　顺时针轮廓图颜色　　　　　　　　　逆时针颜色块

图 7.3.9　轮廓线填充不同类型效果

（4）在其属性栏中的轮廓图步数数值框中可输入数值，来确定轮廓的线条数。

（5）在其属性栏中的轮廓图偏移数值框中可输入数值，来确定轮廓线之间的距离。

7.3.3　交互式阴影工具

交互式阴影工具可为对象制作出阴影效果，如图 7.3.10 所示。其使用方法如下：

图 7.3.10　添加阴影效果

（1）单击工具箱中的"阴影"按钮 。

（2）在对象上拖动鼠标即可得到阴影的效果，拖动的方向不同则得到阴影方向也不同。

（3）在其阴影不透明度属性栏的数值框 100 中输入数值或拖动虚线上的滑块，可调整对象阴影的不透明度，如图 7.3.11 所示。

图 7.3.11　调整对象阴影的不透明度

（4）在其阴影羽化属性栏数值框 15 中输入数值，可设置阴影的羽化程度，如图 7.3.12 所示。

图 7.3.12　设置阴影的羽化程度

7.3.4 交互式立体化工具

交互式立体化工具可快速地为对象添加一种立体的效果，如图 7.3.13 所示。其方法如下：

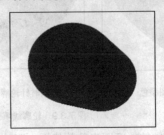

图 7.3.13 添加立体效果

（1）单击工具箱中的"立体化"按钮 。

（2）在对象上拖动鼠标即可得到立体的效果，拖动的方向不同则立体化的方向也不同，或者拖动虚线箭头处的 ✖ 符号，也可改变立体化的方向，如图 7.3.14 所示。

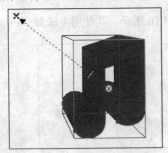
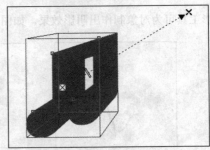

图 7.3.14 改变立体化的方向

（3）拖动虚线上的滑块，可调节立体化对象的深度，如图 7.3.15 所示。

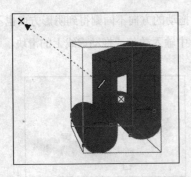
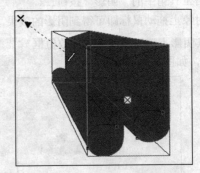

图 7.3.15 调节立体化对象的深度

（4）在属性栏中单击"立体的方向"按钮 ，在弹出的面板中设置立体化的旋转角度，或双击立体化对象，当对象四周出现圆环时，用鼠标拖动对象也可更改立体化对象的旋转角度，如图 7.3.16 所示。

（5）在其属性栏中单击"照明"按钮 ，在弹出的面板中可设置光源的类型和光照的强度，如图 7.3.17 所示。

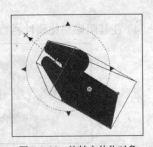

图 7.3.16 旋转立体化对象

图 7.3.17　设置光源

7.3.5　交互式透明工具

交互式透明工具可对对象进行透明效果的处理，如图 7.3.18 所示。其方法如下：

图 7.3.18　透明效果

（1）单击工具箱中的"透明度"按钮 █。

（2）在对象上拖动鼠标即可得到透明的效果，在该属性栏中的 线性 下拉列表中选择一种透明的类型，CorelDRAW X4 的透明类型有无、标准、线性、射线、圆锥、方角、双色图样、全色图样、位图图样和底纹 10 种，如图 7.3.19 所示。

（3）不同的透明类型对应不同参数设置的对话框，以线性透明为例，单击其属性栏中的"编辑透明度"按钮 █，弹出 **渐变透明度** 对话框，如图 7.3.20 所示，在该对话框中可进一步设置透明的效果。

图 7.3.19　透明类型下拉列表

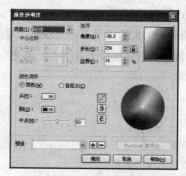

图 7.3.20　"渐变透明度"对话框

（4）在 全部 下拉列表中选择相应的选项，可对对象的轮廓或填充单独进行透明处理。

（5）在 正常 下拉列表中可选择不同的透明度附加值，以达到不同的效果。

105

7.4　典型实例——绘制苹果

本节主要介绍在 CorelDRAW X4 中，利用本章学过的知识，绘制苹果，如图 7.4.1 所示。

图 7.4.1　效果图

创作步骤

（1）单击工具箱中的"贝塞尔"按钮，在画面上绘制出如图 7.4.2 所示的封闭图形。

（2）单击工具箱中的"网状填充"按钮，单击需要填充的地方，在调色板中选定红色色块，为所绘制的封闭图形填充大红色，并用右键单击调色板最上方的"无填充"按钮⊠去掉其轮廓色，效果如图 7.4.3 所示。

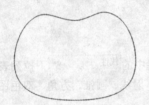
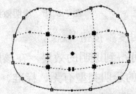

图 7.4.2　绘制封闭图形　　　　　　　图 7.4.3　填充颜色并去掉轮廓色

（3）单击工具箱中的"贝塞尔"按钮，在画面上绘制出如图 7.4.4 所示的封闭图形。

（4）选中封闭图形，按住"Shift"键单击鼠标左键并拖动，将其缩小到适当大小，单击鼠标右键将其复制，如图 7.4.5 所示。

（5）将外面的大的图形填充为沙黄，里面小的图形填充为宝石红，按住"Shift"键同时选中两个图形后右键单击调色板最上方的"无填充"按钮⊠去掉其轮廓色，如图 7.4.6 所示。

图 7.4.4　绘制封闭图形　　　　图 7.4.5　缩小图形并复制　　　　图 7.4.6　填充颜色并去掉轮廓色

（6）单击工具箱中的"交互式调和工具"按钮，为所绘制的封闭图形添加调和效果，如图 7.4.7 所示。

图7.4.7 填充调和效果图形

（7）将所添加调和效果的图形放置到图中合适的位置，调整它的大小，最终效果如图7.4.1所示。

小 结

本章着重讲述了几种色彩填充的方法和几种特殊效果的应用，对于色彩的填充可使用调色板进行填充，还可以使用工具箱中提供的用于填充的工具进行填充。调色板填充主要用于填充单一的颜色；而工具箱中的工具则对图案、底纹等进行填充。特殊效果的应用中主要讲述了一些交互式工具的使用，如调和、阴影、透明度等。

过关练习七

一、填空题

1. 使用_____可以把一种颜色快速填充给图形对象。

2. _____是CorelDRAW中最基本的填充方式，它可在封闭路径中填充单一颜色。

3. 交互式调和工具组包括_____、_____、_____、_____、_____和_____7种交互式特效工具。

4. 交互式调和工具可以用来创建对象之间的_____、_____、_____及_____的过渡效果。

5. 交互式透明工具可以为对象填充多种透明效果，如_____、_____、_____和_____。

6. 调和工具属性栏中有3种调和顺序的类型，即_____、_____与_____。

二、选择题

1. 利用颜色泊坞窗为对象填充（ ）。

    A．轮廓色　　　　　　　　　　B．内部颜色

    C．图案　　　　　　　　　　　D．底纹

2. 为对象添加立体效果，可使用（ ）。

    A．交互式调和工具　　　　　　B．交互式立体工具

    C．交互式变形工具　　　　　　D．交互式透明工具

3. CorelDRAW X4提供了（ ）种交互式工具。

    A．9　　　　　　　　　　　　B．8

    C．7　　　　　　　　　　　　D．6

4. 使用（ ）工具，可以为对象添加透明效果。

    A．交互式立体化工具　　　　　B．交互式填充工具

    C．交互式透明工具　　　　　　D．交互式阴影工具

三、问答题

1. 为对象添加立体化效果后，如何设置其立体化的颜色为渐变色？
2. 交互式变形工具中包括哪几种变形方式？
3. 交互式透明工具为用户提供了哪几种填充方式？

四、上机操作题

1. 练习创建一个对象并对其使用交互式工具创建各种效果。
2. 绘制一个椭圆对象，然后使用各种不同的填充方式对其进行填充，效果如题图 7.1 所示。

题图 7.1 效果图

第8章　文本的输入与编辑

CorelDRAW X4 是专业的文字处理和排版软件之一，利用它的文字功能可以很轻松地制作出非常复杂的版式。

本章重点

（1）输入文本。

（2）编辑文本。

（3）文本的特殊编辑。

8.1　输入文本

在 CorelDRAW X4 中，输入的文本可分为美术字文本和段落文本两大类，它们之间可以互相转换。美术字文本是指单个文字对象，段落文本是大块区域的文本，对其进行编辑可通过 CorelDRAW X4 编辑和排版功能来实现。

8.1.1　美术字文本

输入美术字文本的方法如下：

（1）在工具箱中选择"文本工具"按钮 字 或按快捷键"F8"。

（2）在绘图页中的适当位置单击鼠标，将会出现闪动的光标，通过键盘直接输入美术字文本，如图 8.1.1 所示。

（3）单击工具箱中的"挑选工具"按钮 ，选中该文字，在字体大小列表和字体列表中设置文本的字号和字体，如图 8.1.2 所示。

图 8.1.1　输入文本

图 8.1.2　设置字号和字体

（4）单击工具箱中的"形状工具"按钮，文字周围将出现美工文字的控制点，拖动字距控制点和行高控制点可调整文本的字距和行距，如图 8.1.3 所示。

图 8.1.3　调整文本的字距和行距

（5）单击工具箱中的"形状工具"按钮，选中需要改变颜色的文字的控制点，单击调色板中的色块即可，如图 8.1.4 所示。

图 8.1.4　更改文本的颜色

（6）单击工具箱中的"形状工具"按钮，选中所需要移动的文字的控制点，拖动鼠标即可移动该文字，如图 8.1.5 所示。

（7）单击工具箱中的"形状工具"按钮，选中所需要旋转的文字的控制点，在其属性栏中的旋转角度数值框中输入数值即可实现旋转操作，如图 8.1.6 所示。

图 8.1.5　移动文本　　　　　　图 8.1.6　旋转文本

（8）选中需要转换为段落文本的美术字文本，选择 文本(T) → 转换到段落文本(V)　Ctrl+F8 命令即可，如图 8.1.7 所示。

图 8.1.7　将美术字文本转换为段落文本

8.1.2　段落文本

输入段落文本的方法如下：

（1）单击工具箱中的"文本工具"按钮 **字**。

（2）在需要输入文字的位置，拖曳出一个矩形框，松开鼠标即可在该框中输入文字，如图 8.1.8 所示。

图 8.1.8　段落文本

（3）鼠标拖动框架上方或下方的控制点可调整框架的大小，如图 8.1.9 所示。

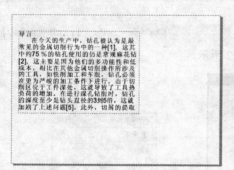

图 8.1.9　调整框架大小

（4）若框架太小而无法显示全部的文本时，可将该框架中无法显示的文本放置在另一个框架中，单击框架下方的控制点 ▽，当光标呈 形状时，在其他合适的位置拖出一个矩形框，可将文本中显示不完全的部分显示在新框架中，如图 8.1.10 所示。

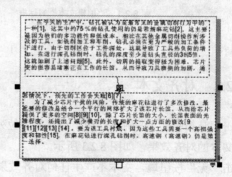

图 8.1.10　将框架中无法显示的文本放置在另一个框架

（5）选中所要转换的段落文本，选择 文本(T) → 转换到美术字(V) Ctrl+F8 命令即可，如图 8.1.11 所示。

图 8.1.11　段落文本转换为美术字文本

8.2　编辑文本

选择 文本(T) → abI 编辑文本(X)... Ctrl+Shift+T 命令，在弹出的 编辑文本 对话框中可实现对文本的编辑，如图 8.2.1 所示。

8.2.1　格式化文本

选择菜单栏中的 文本(T) → ✓ 字符格式化(F) Ctrl+T 命令，打开 字符格式化 泊坞窗，在其中显示着设置字符的相关选项参数，如图 8.2.2 所示。

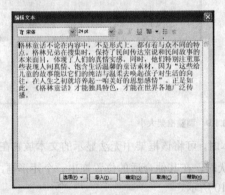

图 8.2.1　"编辑文本"对话框

图 8.2.2　"字符格式化"泊坞窗

8.2.2　对齐文本

单击工具箱中的水平对齐按钮，可在其下拉列表中选择对齐方式来实现文本的对齐效果，如图 8.2.3 所示。

单击"无"按钮，文本不产生任何对齐效果。

单击"左"按钮，将使文本向左对齐。

图 8.2.3　水平对齐下拉列表

单击"居中"按钮▣，将使文本居中对齐。

单击"右"按钮▣，将使文本向右对齐。

单击"全部对齐"按钮▣，将使文本向两端对齐。

单击"强制调整"按钮▣，将强制使文本全部对齐。

8.3　文本的特殊编辑

在 CorelDRAW X4 中可对文本进行一些特殊编辑，如使文本适配路径、填入框架和环绕图形等。

8.3.1　文本适配路径

文本适配路径的方法如下：

（1）单击工具箱中的"文本工具"按钮 字，在视图窗口中输入文本并使用绘制线条工具绘制曲线，如图 8.3.1 所示。

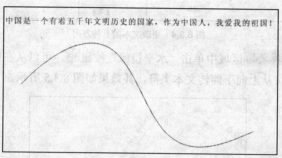

图 8.3.1　输入文本并绘制曲线

（2）单击工具箱中的"挑选工具"按钮 ▣，将所绘制的曲线和输入的文本同时选中。

（3）选择 文本(T) → 使文本适合路径(T) 命令，即可使文本适配路径，如图 8.3.2 所示。

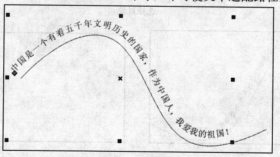

图 8.3.2　文本适配路径

（4）在文本适配路径后，其属性栏如图 8.3.3 所示。

图 8.3.3　文本适配路径的属性栏

（5）在其属性栏中的 ▣ 下拉列表中可选择文本放置在路径上的方向，如图 8.3.4 所示。

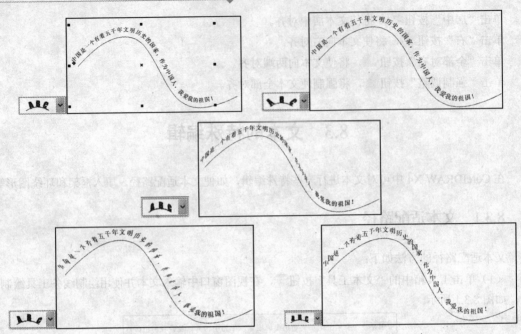

图 8.3.4　更改文本的五种方向

（6）在属性栏的 镜像文本: 区域中单击"水平镜像"按钮 ，可以从左向右翻转文本字符；单击"垂直镜像"按钮 ，可从上向下翻转文本字符，其效果如图 8.3.5 所示。

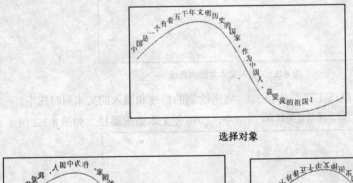

选择对象

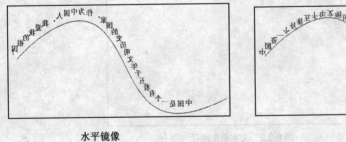

水平镜像

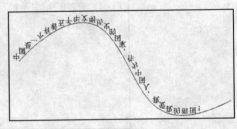

垂直镜像

图 8.3.5　镜像适合路径的文本

（7）在属性栏的 .0 mm 和 .0 mm 数值框中输入数值，可调整文本和路径在垂直方向和水平方向上的距离。

（8）CorelDRAW X4 将适合路径的文本视为一个对象，如果不需要使文本成为路径的一部分，也可以将文本与路径分离，且分离后的文本将保持它所适合于路径时的形状。使用挑选工具选择路径和适合的文本，选择菜单栏中的 排列(A) → 拆分 命令，即可拆分文本与路径，如图 8.3.6 所示。

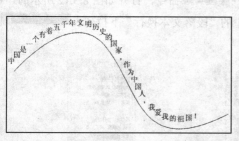
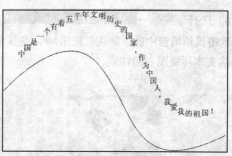

图 8.3.6 将文本与路径分离

8.3.2 文本填入框架

文本填入框架的方法如下：

（1）在视图窗口中创建图形对象，如图 8.3.7 所示。

（2）单击工具箱中的"文本工具"按钮 字，将鼠标移动到图形对象内边缘，当鼠标光标呈 形状时，单击鼠标可在图形对象内边缘产生一个虚线文本框，并有闪烁的光标，如图 8.3.8 所示。

（3）在该虚线文本框中输入需要的文字，如图 8.3.9 所示。

| 图 8.3.7 创建图形 | 图 8.3.8 虚线文本框效果 | 图 8.3.9 文本填入框架 |

（4）选择 排列(A) → 折分 命令，可将图形对象和文本分隔，如图 8.3.10 所示。

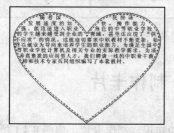
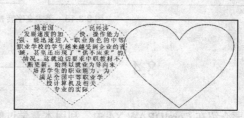

图 8.3.10 将图形对象和文本分隔

8.3.3 段落文本环绕图形

段落文本绕图是常用的一种文本编排方式，其操作方法如下：

（1）在工具箱中选择文本工具 字，然后在绘图页中创建段落文本。

（2）选择 文件(F) → 打开(O)...命令打开矢量图，或选择 文件(F) → 导入(I)...命令导入位图。

（3）选择挑选工具 选中图形，单击鼠标右键，在弹出的快捷菜单中选择 段落文本换行(W) 命令，这样段落文本绕图的效果就产生了，如图 8.3.11 所示。

（4）选择 窗口(W) → 泊坞窗(D) → ✓ 属性(I) 命令，打开如图 8.3.12 所示的 对象属性 泊坞窗。单击该泊坞窗中的"常规"按钮，在其中的"段落文本换行"下拉列表 无 中可以设置段落文本环绕图表的样式。

图 8.3.11　段落文本绕图　　　　　图 8.3.12　"对象属性"泊坞窗

8.3.4　美术文字转换为曲线

前面学习过将图形对象转换为曲线后，可以对其进行曲线的操作，如删除、添加、移动节点等操作，从而实现改变其形状的目的。对于文字也可以将其转换为曲线，其方法如下：

（1）创建美术文字，并将其选中。

（2）选择 排列(A) → 转换为曲线(V) 命令，可将该文本转换为曲线。

（3）单击工具箱中的"形状工具"按钮，对文字进行编辑，如图 8.3.13 所示。

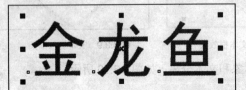

图 8.3.13　美术文字转换为曲线

8.4　典型实例——制作卡片

本节主要介绍在 CorelDRAW X4 中，利用本章学过的知识，制作卡片，如图 8.4.1 所示。

图 8.4.1　效果图

创作步骤

（1）新建一个图形文件，单击工具箱中的"矩形"按钮 ，在属性栏中设置边角圆滑度为 10，在绘图区中拖动鼠标绘制圆角矩形，如图 8.4.2 所示。

（2）在填充工具组中单击"渐变"按钮 ，弹出 **渐变填充方式** 对话框，设置参数如图 8.4.3 所示。

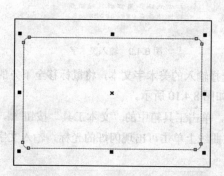

图 8.4.2　绘制圆角矩形

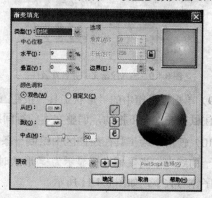

图 8.4.3　"渐变填充"对话框

（3）单击 确定 按钮，填充渐变后的效果如图 8.4.4 所示。

（4）单击工具箱中的"文本工具"按钮 ，在绘图区中输入文字，如图 8.4.5 所示。

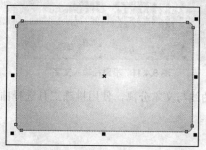

图 8.4.4　填充渐变效果

图 8.4.5　输入文字

（5）单击工具箱中的"形状工具"按钮 ，将鼠标光标移至"卡、服、装"左下方的控制点上单击，设置它们的大小为 30，并分别移动其位置，如图 8.4.6 所示。

（6）使用椭圆工具在绘图区中绘制椭圆对象，将其填充为红色并旋转一定的角度，然后使用文本工具在椭圆上输入文字，设置文字的字体与大小，如图 8.4.7 所示。

图 8.4.7　输入文字并设置

图 8.4.6　使用形状工具调整字符属性

（7）单击工具箱中的"文本工具"按钮 ，在绘图区中拖动鼠标创建文本框，然后在其中输入文字，并设置文字的字体与大小，如图 8.4.8 所示。

117

（8）单击工具箱中的"文本工具"按钮 字，在绘图区中输入美术字，设置文字的字体与大小，如图 8.4.9 所示。

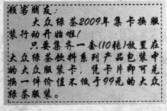

图 8.4.8　输入段落文字并设置属性

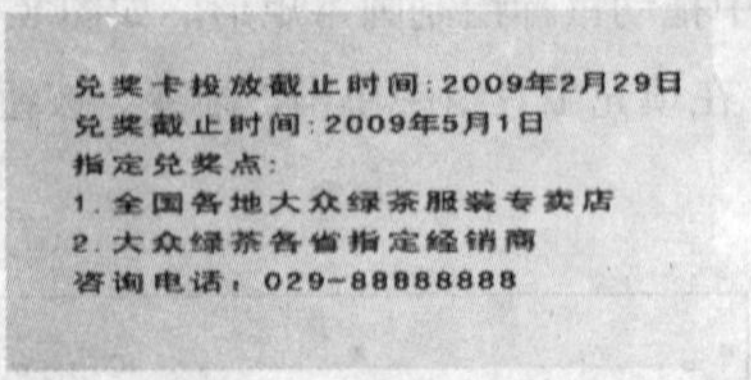

图 8.4.9　输入美术字

（9）单击工具箱中的"形状工具"按钮，选择输入的美术字文本，将鼠标移至下方的符号上，按住鼠标左键向下拖动，调整文本的行间距，如图 8.4.10 所示。

（10）使用手绘工具在绘图区中绘制一条曲线，单击工具箱中的"文本工具"按钮 字，将鼠标光标移至曲线上，当鼠标光标显示为形状时，在曲线上单击可出现闪烁的光标，输入文字并设置文字的字体与大小，如图 8.4.11 所示。

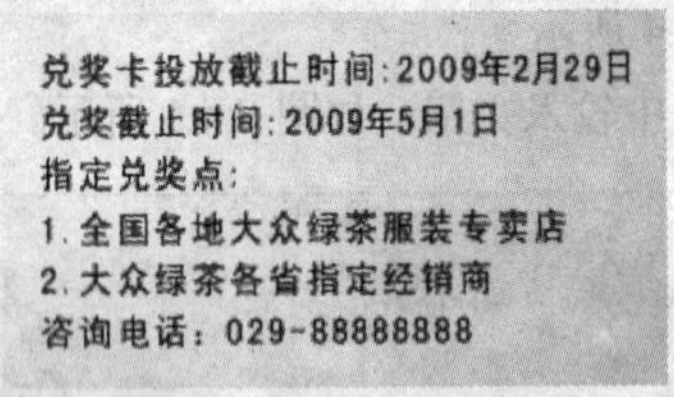

图 8.4.10　调整文本的行间距

图 8.4.11　沿路径输入文字

（11）选择菜单栏中的 排列(A) → 拆分 命令，将曲线与文本分离，使用挑选工具选择曲线，按 "Delete" 键将其删除，最终的卡片效果如图 8.4.1 所示。

小　　结

本章主要讲解了输入文本和编辑文本的方法，输入文本主要通过文本工具实现，在编辑文本的内容中着重讲述了特殊文本编辑的方法，通过对文本进行编辑可使文本达到需要的效果。

过关练习八

一、填空题

1. 在 CorelDRAW X4 中可以创建两种类型的文本，即 _____文本与_____文本。

2. 当美术字文本转换为曲线对象以后就不再具有_____属性了，而是一个_____图形。

3. 当_____或者是_____的情况不能将段落文本转换成美术字文本。

4. 在封闭的矩形、多边形或椭圆形中，可以放入_____。

5. 使用_____工具可以调整美术字文本或段落文本的字、行、段间距。

6. 输入的美术字文本与段落文本有两种排列方式，即_____和_____。

7. 输入文本的工具是_____。

8. 文本的间距包括_____、_____以及_____。

9. 应用文本菜单下的书写工具命令是对_____文本起作用。

二、选择题

1. 使用（　　）功能可以使段落文本绕对象的外框排列。

　　A. 文本环绕图形　　　　　　　　B. 文本适合路径

　　C. 对齐基准　　　　　　　　　　D. 文本适合框架

2. 使用（　　）功能可以将美术字文本沿着指定的开放对象或闭合对象排列。

　　A. 文本适合路径　　　　　　　　B. 文本适合框架

　　C. 文本绕图　　　　　　　　　　D. 精确剪裁

3. 将美术文字转换为曲线后，可使用（　　）对其进行编辑。

　　A. 形状工具　　　　　　　　　　B. 文本工具

　　C. 手绘工具　　　　　　　　　　D. 贝塞尔工具

4. 在 CorelDRAW X4 中可对文字进行（　　）。

　　A. 文本适合路径　　　　　　　　B. 文本填入框架

　　C. 对齐文本　　　　　　　　　　D. 将文本转换为曲线

5. 要编排大量的文字，应选择（　　）。

　　A. 美术字　　　　　　　　　　　B. 段落文本

　　C. 宋体　　　　　　　　　　　　D. 24 号字

6. 使用（　　）工具只能调整段落文本的字、行间距。

　　A. 文本　　　　　　　　　　　　B. 挑选

　　C. 手绘　　　　　　　　　　　　D. 形状

7. CorelDRAW 中的文本包括（　　）。

　　A. 段落文本　　　　　　　　　　B. 文本填入框架

　　C. 对齐文本　　　　　　　　　　D. 美术文本

8. 改变美术文本的字间距和行间距，应使用工具箱中的_____工具。

　　A. 挑选工具　　　　　　　　　　B. 形状工具

　　C. 文本工具　　　　　　　　　　D. 基本形状工具

9. 将文本转换为曲线的快捷键是_____。

　　A. "Ctrl+A"　　　　　　　　　　B. "Ctrl+Q"

　　C. "Ctrl+O"　　　　　　　　　　D. "Ctrl+S"

三、问答题

1. 如何将美术文字转换为曲线？

2. 美术字与段落文本如何进行转换？

3. 如何创建美术字文本与段落文本？

四、上机操作题

1. 尝试在 CorelDRAW 中输入一篇文章并对其进行排版。

2. 在绘图区中输入美术字文本，使用形状工具调整文本间距。

3. 根据本章学过的使文本适合路径命令，结合前面章节学过的知识，制作如题图 8.1 所示的效果。

4. 在绘图区中制作如题图 8.2 所示的文字效果。

题图 8.1

题图 8.2

第9章 应用特殊效果

在 CorelDRAW X4 中，还可以对矢量图与位图对象进行一些重要的特殊效果处理，如图框精确剪裁效果、透镜效果以及添加透视点效果。本章主要介绍这些效果的功能与使用方法。

本章重点

（1）图框精确剪裁效果。

（2）透镜效果。

（3）添加透视点。

9.1 图框精确剪裁效果

使用精确剪裁命令，可以将一个矢量对象或位图图像放置到其他图形对象中。选择菜单栏中的 效果(C) → 图框精确剪裁(W) 命令，可弹出其子菜单，如图 9.1.1 所示。通过使用这些菜单，可以将图形放置在其他对象中。

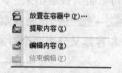

图 9.1.1 "图框精确剪裁"子菜单

9.1.1 图框精确剪裁的方法

为对象创建精确剪裁效果，可先使用挑选工具选择需要剪裁的位图或矢量图对象，然后选择菜单栏中的 效果(C) → 图框精确剪裁(W) → 放置在容器中(P)… 命令，将鼠标移至可作为容器的对象上单击即可。例如，要将一幅位图置入星形对象中，其具体的操作方法如下：

（1）导入一幅位图对象，再使用基本形状工具在绘图区中绘制一个星形对象，如图 9.1.2 所示。

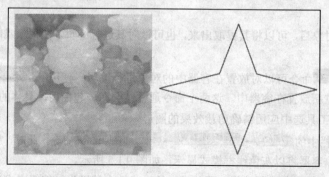

图 9.1.2 创建要精确剪裁的对象

（2）使用挑选工具选择位图对象，然后选择菜单栏中的 效果(C) → 图框精确剪裁(W) →

命令，此时鼠标光标显示为 ➡ 形状，在星形对象上单击，即可将位图置入星形对象中，如图9.1.3所示。

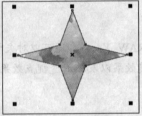

图9.1.3　图框精确剪裁效果

从图9.1.3中可以看出，当放置在容器中的对象比容器大时，在容器外的内容将被剪裁，以适应容器。

9.1.2　提取与编辑内容

在创建图框精确剪裁对象后，可以提取对象并对剪裁的效果进行编辑，以满足需要。

1. 提取内容

将对象放置在指定的容器中后，还可以将其提取出来。其具体的操作方法是：先使用挑选工具选中容器与对象，再选择菜单栏中的 `效果(C)` → `图框精确剪裁(W)` → `提取内容(X)` 命令，即可将对象从精确剪裁的容器中提取出来，此时内置的对象和容器又分为两个对象，如图9.1.4所示。

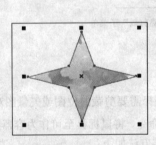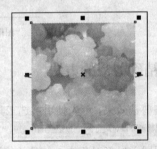

图9.1.4　提取内容

2. 编辑内容

创建精确剪裁对象后，可以将其提取出来，也可以对其进行编辑，在删除或修改内容时容器不会随之而改变。

使用 `编辑内容(E)` 命令可以对放置在容器中的对象进行编辑；使用 `结束编辑(F)` 命令可以结束对象的编辑，使对象重新放置在容器中。这两个命令通常结合在一起使用，具体的使用方法如下：

（1）使用挑选工具选中应用精确剪裁效果的图形。

（2）选择菜单栏中的 `效果(C)` → `图框精确剪裁(W)` → `编辑内容(E)` 命令，此时，放置在容器中的对象被完整地显示出来，容器将以灰色线框模式显示，如图9.1.5所示。

（3）对显示出来的对象进行编辑，即移动、放大或缩小等操作，编辑完成后，选择菜单栏中的 `效果(C)` → `图框精确剪裁(W)` → `结束编辑(F)` 命令，可结束对容器中对象的编辑，这时，将只显示包含在容器内的内容，如图9.1.6所示。

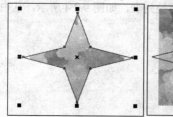

图 9.1.5 应用编辑内容命令后的效果

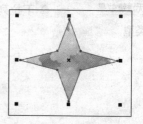

图 9.1.6 结束编辑

9.2 透镜效果

透镜效果是指通过改变对象外观或改变观察透镜下对象的方式而取得的特殊效果,但不会改变对象实际属性。用户可以将透镜效果应用于任何矢量对象,如矩形、椭圆、封闭路径或多边形等,也可以用于更改美术字和位图的外观。应用透镜之后,透镜效果可以被复制并应用于其他对象。对矢量对象应用透镜效果时,透镜本身会变成矢量图像。同样,如果将透镜置于位图上,透镜也会变成位图。

9.2.1 应用透镜

透镜可以应用于所绘制的任意矢量图对象上,如矩形、多边形、文本以及椭圆,也可应用于位图对象上。

要应用透镜效果,其具体的操作方法如下:

(1)打开或导入一幅位图,选择菜单栏中的 效果(C) → 透镜(S) 命令,打开 透镜 泊坞窗,如图 9.2.1 所示。

(2)单击工具箱中的"椭圆工具"按钮 ,在位图对象上绘制一个椭圆对象,将其作为透镜的镜头,如图 9.2.2 所示。

(3)在 透镜 泊坞窗中的 无透镜效果 下拉列表中选择 使明亮 选项,即为镜头添加明亮透镜效果,在 比率(E) 输入框中输入数值,可设置图像的明暗比例,单击 应用 按钮,即可透过镜头看到下面的位图亮度发生了变化,如图 9.2.3 所示。

图 9.2.1 原图像及"透镜"泊坞窗

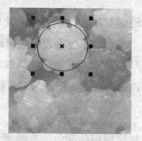

图 9.2.2 创建透镜的镜头

图 9.2.3 应用透镜效果

9.2.2 透镜类型

除了使用明亮透镜效果外,在 CorelDRAW X4 中还提供了其他类型的透镜效果。在 透镜 泊坞窗

中单击 无透镜效果 ▼ 下拉列表框，可弹出透镜类型下拉列表，如图 9.2.4 所示，从中可选择多种透镜类型。

图 9.2.4　透镜类型下拉列表

1. 颜色添加

颜色添加透镜类型可模拟加色光线模式，从而使透镜对象区域变为其他颜色。

在 透镜 泊坞窗中的 无透镜效果 ▼ 下拉列表中选择 颜色添加 选项，在 比率(E) 输入框中输入数值可设置颜色添加程度，值越大，效果越明显；通过单击 颜色: 下拉按钮 ▼ ，可从打开的调色板中选择一种颜色添加到透镜的颜色，单击 应用 按钮，为对象颜色添加颜色添加透镜效果。

2. 色彩限度

色彩限度仅允许使用黑色和透过透镜的颜色查看对象区域。

在 透镜 泊坞窗中的 无透镜效果 ▼ 下拉列表中选择 色彩限度 选项，在 比率(E) 输入框中输入数值可设置透镜的深度，单击 颜色: 下拉按钮 ▼ ，选择透镜的颜色，单击 应用 按钮，为对象添加色彩限度透镜效果。

3. 自定义彩色图

自定义彩色图透镜效果可以将透镜对象区域的颜色指定为两种颜色之间变化的颜色。

在 透镜 泊坞窗中的 无透镜效果 ▼ 下拉列表中选择 自定义彩色图 选项，通过设置 从: 与 到: 的颜色可指定透镜的颜色范围，而在 直接调色板 ▼ 下拉列表中提供了两种颜色的 3 种变化过程，即直接调色板、向前的彩虹以及反转的彩虹。选择从蓝色到绿色的变化，并设置这两种颜色的变化为直接调色板，单击 应用 按钮，为对象添加自定义彩色图透镜效果。

4. 鱼眼

鱼眼透镜模拟鱼眼效果来显示透镜对象的区域，从而使透镜后面的对象产生缩小或放大的效果。

在 透镜 泊坞窗中的 无透镜效果 ▼ 下拉列表中选择 鱼眼 选项，在 比率: 输入框中输入数值，可设置鱼眼的程度，即透镜后面的对象是放大或缩小，其数值范围在-1 000%～1 000%之间，正值为放大，负值为缩小。设置好后，单击 应用 按钮，为对象添加鱼眼透镜效果。

5. 热图

热图透镜类型效果可使透镜对象区域模仿颜色的冷暖度（用青色、紫色、蓝色、红色、白色或橙色等）进行分级，从而创建红外线图像的效果。

在 透镜 泊坞窗中的 无透镜效果 ▼ 下拉列表中选择 热图 选项，在 调色板旋转: 输入框中可设置所需的颜色，即对透镜对象颜色的冷暖度进行偏移。例如，经过调色板旋转后对象的冷色通过透镜显示出来的是暖色。设置好参数后，单击 应用 按钮，为对象添加热图透镜效果。

6. 反显

反显透镜在日常生活中会经常见到，例如，对相片应用反转透镜处理，效果会很像这幅相片的底片。反显透镜的原理是将透镜下方的颜色变为它的互补色，这种互补颜色是基于 CMYK 颜色模式的，原始色和它的互补色处于调色板上的相对位置。

导入或打开一幅图像后，在图像上面使用椭圆工具绘制一个图形，并将其填充颜色（不填充颜色也可以），将填充颜色后的椭圆图形作为透镜。在 透镜 泊坞窗中的透镜类型下拉列表中选择 反显 选项，单击 应用 按钮，可使透镜下的图像显示出与其对应的 CMYK 模式颜色的补色。

7. 放大

放大透镜效果类似于用放大镜观察物体。放大透镜下面的对象可以按设置的倍数进行放大或缩小。在 透镜 泊坞窗中的 无透镜效果 下拉列表中选择 放大 选项，在 数量(U): 输入框中输入数值可设置放大的比率，输入比 1 小的数值会缩小对象，输入比 1 大的数值则会放大对象，单击 应用 按钮，为对象添加放大透镜效果。

8. 灰度浓淡

灰度浓淡透镜可用指定的颜色将透镜对象区域的颜色替换为等值的灰度。

在 透镜 泊坞窗中的 无透镜效果 下拉列表中选择 灰度浓淡 选项，在 颜色: 下拉列表中可设置灰度浓淡透镜处理后对象的颜色，若要将透镜对象区域的颜色替换为等值的灰度，则可在 颜色: 下拉列表中选择黑色，单击 应用 按钮即可，为对象添加灰度浓淡效果。

9. 透明度

透明度透镜可为对象添加透明的透镜效果，使透镜区域的颜色像透过一层有色玻璃进行显示一样。

在 透镜 泊坞窗中的 无透镜效果 下拉列表中选择 透明度 选项，在 比率: 输入框中输入数值可设置透明的程度，值越大透明效果越明显；在 颜色: 下拉列表中可选择一种颜色作为透明度透镜的颜色，单击 应用 按钮即可，为对象添加透明度效果。

10. 线框

线框透镜可用指定的轮廓色或填充颜色来显示透镜对象区域。使用线框透镜效果时，透镜对象下方的对象应为矢量图。

创建矢量图对象后，使用椭圆工具在其上面绘制椭圆对象，作为透镜对象，然后在 透镜 泊坞窗中的 无透镜效果 下拉列表中选择 线框 选项，选中 ☑ 轮廓: 与 ☑ 填充: 复选框，然后从其后面的 ▼ 下拉按钮中可选择需要的轮廓或填充颜色，例如轮廓色设置为白色，填充色设置为红色，单击 应用 按钮，为对象添加线框效果。

9.2.3　编辑透镜

当对添加的透镜效果不满意时，可根据需要进行一定的调整，从而达到理想的效果。在 CorelDRAW X4 中可以对某些类型的透镜进行冻结、视点或移除表面设置。

1. 冻结

冻结一般用来固定透镜中的内容，在移动透镜时不会改变通过透镜显示的内容。

创建好一种类型的透镜，在其相应的**透镜**泊坞窗中选中☑**冻结**复选框，单击 **应用** 按钮，即可冻结透镜，然后移动透镜对象，透镜对象中显示的结果将不改变，如图 9.2.5 所示。

图 9.2.5　应用冻结透镜效果

2．视点

视点设置可以在透镜本身不移动的情况下，通过透镜显示对象的任意区域。视点是通过透镜查看内容的中心点，该点由透镜区域中的 ✕ 图标来表示，可以用鼠标来移动，因此可以将中心点定位在透镜的任意位置。

创建好一种透镜效果后，在**透镜**泊坞窗中选中☑**视点**复选框，此时在复选框右侧出现一个 **编辑** 按钮，单击此按钮可使其变为 **末端** 按钮，而透镜对象中心将会出现 ✕ 图标，通过用鼠标移动该图标可更改视点的位置，或通过在 **X:** 与 **Y:** 输入框中输入数值来设置视点的坐标位置，设置完成后，单击 **末端** 按钮，再单击 **应用** 按钮，效果如图 9.2.6 所示。

图 9.2.6　应用视点透镜效果

如果要取消视点效果，只需要在**透镜**泊坞窗中取消选中☐**视点**复选框，然后单击 **应用** 按钮即可。

3．移除表面

设置移除表面只显示它下面对象的透镜效果，也就是说，将透镜移到其他区域，即改变透镜的作用对象，例如将透镜对象移至下面对象外后，是看不到该效果的。

创建透镜效果后，在**透镜**泊坞窗中选中☑**移除表面**复选框，单击 **应用** 按钮，效果如图 9.2.7 所示。

图 9.2.7 应用移除表面效果

9.3 添加透视点

在 CorelDRAW X4 中可以使对象产生具有三维空间距离和深度的视觉透视效果。透视效果是将一个对象的一边或相邻的两边缩短而产生的，因此可将透视分为单点透视和双点透视。

9.3.1 单点透视

单点透视通过改变对象一条边的长度，使对象呈现出向一个方向后退的效果。

在绘图区选择需要进行单点透视的对象后，选择菜单栏中的 效果(C) → 添加透视(E) 命令，此时所选的对象周围出现一个虚线外框和 4 个小黑控制点，如图 9.3.1 所示。

图 9.3.1 为对象添加透视点

将鼠标光标移至四角的任意一个控制点上，拖动控制点，即可创建出透视效果，如图 9.3.2 所示。

图 9.3.2 单点透视效果

如果按住"Ctrl+Shift"键的同时拖动控制点，则可将相邻的一组节点进行相向方向的移动，如图 9.3.3 所示。

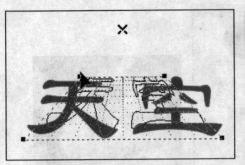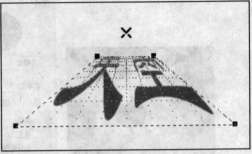

图 9.3.3　创建相邻节点的相向移动单点透视效果

在制作透视效果时，可将鼠标光标移至消失点 ✖ 上，按住鼠标左键拖动，也可制作出各种角度的透视效果。

9.3.2　双点透视

双点透视就是改变对象两条边的长度，从而使对象呈现出向两个方向后退的效果。

要添加双点透视，其具体的操作方法如下：

（1）创建需要进行双点透视的对象，并使用挑选工具将其选择。

（2）选择菜单栏中的 效果(C) → 添加透视(P) 命令，此时所选的对象周围出现一个虚线外框和 4 个黑控制点。

（3）将鼠标光标移至任意一个控制点上，按住鼠标左键沿着图形的对角线方向拖动，即可创建出双点透视效果，如图 9.3.4 所示。

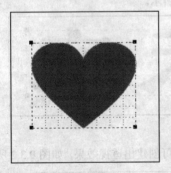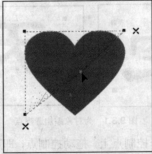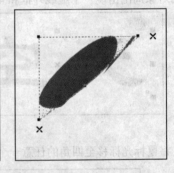

图 9.3.4　双点透视效果

如果要修改创建了透视效果的对象，可在选择对象后，使用形状工具调整控制点或消失点即可修改透视效果。

此外，如果要取消透视效果，可选择菜单栏中的 效果(C) → 清除透视点 命令，即可使对象恢复为原始状态。

9.4　典型实例——绘制立体对象

本节主要介绍在 CorelDRAW X4 中，利用本章学过的知识，绘制立体对象，如图 9.4.1 所示。

图 9.4.1　效果图

创作步骤

（1）新建一个图形文件，单击工具箱中的"图纸"按钮，在属性栏中设置图纸的行数与列数分别为 5，在绘图区中拖动鼠标绘制图纸图形，如图 9.4.2 所示。

（2）按小键盘中的"＋"键，可在原位置复制图纸对象，再将其水平向左移动使复制对象的右侧与原图纸对象的左侧对齐，如图 9.4.3 所示。

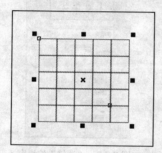

图 9.4.2　绘制图纸图形

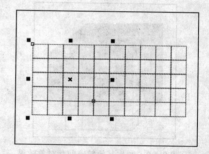

图 9.4.3　复制对象并排放位置

（3）选择菜单中的 效果(C) → 添加透视(P) 命令，为复制的对象添加透视点，用鼠标控制点编辑透视效果，如图 9.4.4 所示。

（4）再使用挑选工具选择图纸对象，将其水平向上移动至适当位置后单击鼠标右键，可复制对象，如图 9.4.5 所示。

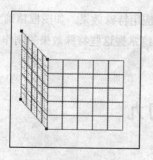

图 9.4.4　添加透视效果

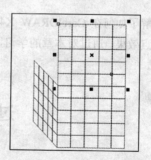

图 9.4.5　移动并复制对象

（5）选择菜单中的 效果(C) → 添加透视(P) 命令，可为复制的对象添加透视点，用鼠标控制点编辑透视效果，如图 9.4.6 所示。

（6）导入一幅位图对象，选择菜单栏中的 效果(C) → 图框精确剪裁(W) → 放置在容器中(P)… 命令，鼠标光标显示为 ➡ 形状，将鼠标移至正面图纸对象上单击，即可将导入的对象置入图纸对象中，如

图 9.4.7 所示。

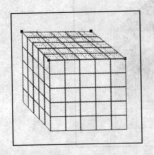

图 9.4.6 添加透视效果

图 9.4.7 置入对象

（7）再导入两幅位图对象，分别使用精确剪裁功能将其置入侧面与上面图纸对象中，如图 9.4.8 所示。

（8）单击工具箱中的"矩形"按钮，在正面精确剪裁的对象上绘制矩形对象，使其与图纸对象大小相同，选择菜单栏中的 效果(C) → 透镜(S) 命令，打开 透镜 泊坞窗，设置参数如图 9.4.9 所示。

图 9.4.8 制作其他精确剪裁对象效果

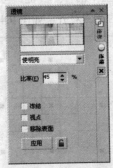

图 9.4.9 "透镜"泊坞窗

（9）单击 应用 按钮，最终的立体对象效果如图 9.4.1 所示。

小　结

本章主要讲解了如何在 CorelDRAW X4 中为对象应用特殊效果，如图框精确剪裁效果、透镜效果以及添加透视点效果。通过对本章的学习，读者应熟练掌握这些特殊效果的制作方法，从而制作出令人满意的作品。

过关练习九

一、填空题

1. _____功能可以将位图图像或矢量图放置在指定的对象中。

2. _____透镜类型可模拟加色光线模式，从而使透镜对象区域变为其他颜色。

3. 使用_____命令，可以将一个矢量对象或位图图像放置到其他图形对象中。

4. 在透镜类型中，利用_____透镜可以使透镜后面的对象产生放大或缩小的效果。

5. 透镜效果是指通过改变对象外观或改变_____的方式所取得的特殊效果，而不改变对象实际属性。

6. _____就是改变对象两条边的长度，从而使对象呈现出向两个方向后退的效果。

二、选择题

1. （　　）透镜效果类似于用放大镜观察物体。

　　A. 鱼眼　　　　　　　　　　　　　B. 热图

　　C. 放大　　　　　　　　　　　　　D. 反显

2. 为对象添加透视点后，如果按住（　　）键的同时拖动控制点，则可将相邻的一组节点进行相向方向的移动。

　　A. Ctrl　　　　　　　　　　　　　B. Shift

　　C. Alt　　　　　　　　　　　　　　D. Alt+Ctrl

3. 完成精确裁剪对象编辑后即可查看其效果。进入容器内部和返回工作区的操作，可以使用快捷的方法来完成。当在工作区中时，按下（　　）键在容器对象上单击即可进入容器内部。

　　A. Ctrl　　　　　　　　　　　　　B. Shift

　　C. Alt　　　　　　　　　　　　　　D. Ctrl+Shift

4. "图框精确裁剪"命令不可用于（　　）。

　　A. 点阵图对象　　　　　　　　　　B. 矢量图对象

　　C. 再制对象　　　　　　　　　　　D. 仿制对象

三、问答题

1. 如何将置入容器中的对象提取出来？

2. 对于"精确裁剪"功能来讲，其作为精确裁剪容器和对象来说需要注意哪些内容？

3. 透视分为单点透视与双点透视，如何为对象添加双点透视？

四、上机操作题

导入一幅位图对象，然后在对象上绘制一个基本图形，练习为对象添加各种透镜效果。

第 10 章　位图的编辑

CorelDRAW 是用于绘制矢量图形的应用软件，但是在 CorelDRAW 中也可以直接对位图进行编辑，利用 CorelDRAW 的这个功能，用户可以将矢量图转换为位图并对其应用位图的特效处理。

本章重点

（1）编辑位图。

（2）位图特效。

10.1　编辑位图

在 CorelDRAW 中可以对位图图像进行编辑处理，如将矢量图转换为位图、裁切位图、色彩模式转换等。

10.1.1　位图的导入

在设计过程中，位图的使用也占了一定的位置，在 CorelDRAW 中编辑和使用位图之前必须首先将其导入（CorelDRAW 支持多种位图格式的导入）。用户可以导入一幅位图，也可以同时导入多幅位图，并将它们放在同一个页面中处理，还可以在导入位图之前对对象进行裁剪。

1．导入一幅位图

（1）选择菜单栏中的 文件(F) → 导入(I)...　　　　Ctrl+I 命令，弹出如图 10.1.1 所示的 导入 对话框。

（2）在对话框的 文件类型(T) 下拉列表中选择文件类型。

图 10.1.1　"导入"对话框

（3）单击要导入的文件，如 014 文件，单击 导入 按钮，光标在工作区的形状将变为「，在绘图区域单击鼠标，位图就被导入了。

2. 导入多幅位图

导入多幅位图的操作步骤如下：

（1）选择菜单栏中的 文件(F) → 导入(I)... Ctrl+I 命令，弹出如图 10.1.1 所示的 导入 对话框，按住"Ctrl"键在该对话框中依次单击，可以同时选中多个文件对象，如图 10.1.2 所示。

图 10.1.2 选择多个文件

（2）在对话框中单击 导入 按钮，即可将多幅位图导入到绘图区域中。

10.1.2 裁剪位图

在 CorelDRAW X4 中可以对导入的位图进行裁剪，从而可改变位图的形状。通过使用形状工具，可以对位图轮廓上的节点进行移动或编辑位图轮廓的曲度。

要使用形状工具裁剪位图，其具体的操作方法如下：

（1）按"Ctrl+I"键导入一幅位图对象。

（2）使用形状工具选择导入的位图对象，将鼠标光标移至位图轮廓上，当鼠标光标显示为 形状时（见图 10.1.3），双击鼠标左键，可在位图轮廓上添加节点。

（3）将鼠标光标移至位图轮廓左下角的节点上，按住鼠标左键向右上方拖动，松开鼠标，即可裁剪位图，如图 10.1.4 所示。

图 10.1.3 添加节点

图 10.1.4 裁剪位图

如果要将位图轮廓的一边设置为曲度形状，可使用形状工具选择相应的节点后，在属性栏中单击"转换直线为曲线"按钮，然后用鼠标拖动控制柄进行调整即可。

10.1.3 将位图链接到绘图

在 CorelDRAW 中将位图链接到绘图，可以显著减小文件的长度。实质上出现在绘图中的位图是

133

位于其他路径的图像文件的缩略形式。

1．更新链接位图

可以使用挑选工具选定对象，然后选择菜单栏中的 位图(B) → 自链接更新(U) 命令。

2．取消链接

用挑选工具选中对象，然后选择菜单栏中的 位图(B) → 中断链接(K) 命令。

创建链接的操作步骤如下：

（1）选择菜单栏中的 文件(F) → 导入(I)...   Ctrl+I 命令。

（2）从 文件类型(T): 下拉列表中选择一种文件格式。

（3）再选择文件名，选中 ☑外部链接位图(E) 复选框，单击 导入 按钮。

10.1.4 重新取样

重新取样位图可以重新改变图像的属性，即重新设置位图的尺寸大小和分辨率。

要进行重新取样，其具体的操作方法如下：

（1）使用挑选工具选择需要重新取样的图像。

（2）选择菜单栏中的 位图(B) → 重新取样(R)... 命令，弹出 **重新取样** 对话框，如图 10.1.5 所示。

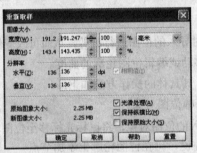

图 10.1.5 "重新取样" 对话框

1）在 图像大小 选项区中的 宽度(W): 与 高度(H): 输入框中可设置图像的尺寸以及使用的单位。

2）在 分辨率 选项区中的 水平(Z): 与 垂直(V): 输入框中可设置图像水平与垂直方向的分辨率。

3）选中 ☑光滑处理(A) 复选框，可以光滑图像的边缘。

4）选中 ☑保持纵横比(M) 复选框，可以在变换的过程中保持原图像的大小比例；如果取消选中此复选框，可激活 ☑相同值(I) 复选框，选中此复选框，可保持图像水平与垂直方向上的分辨率一致。

5）选中 ☑保持原始大小(S) 复选框，可以使变换后的图像仍保持原来的尺寸大小。

（3）设置好参数后，单击 确定 按钮，可显示重新取样结果。

10.1.5 位图的颜色遮罩

使用位图的颜色遮罩可将位图中选取的色彩范围遮住，其使用方法如下：

（1）选中所要进行颜色遮罩的位图图像。

（2）选择 位图(B) → 位图颜色遮罩(M) 命令，可打开 **位图颜色遮罩** 泊坞窗，如图 10.1.6 所示。

图 10.1.6　"位图颜色遮罩"泊坞窗

（3）选中 **隐藏颜色** 单选按钮，单击"颜色选择"按钮 ，在位图中需要隐藏的颜色处单击鼠标。

（4）拖动 **容限:** 滑块或在其后的数值框中输入数值来调节显示或隐藏所选色彩的精确程度，单击 **应用** 按钮即可，如图 10.1.7 所示。

图 10.1.7　位图的颜色遮罩

10.2　位图特效

CorelDRAW X4 在位图特效处理方面功能又有所增强，位图特效主要是通过 CorelDRAW 中的滤镜来实现的，从而使位图产生一些特殊效果。

10.2.1　三维效果

选择 **位图(B)** → **三维效果(3)** 命令，在弹出的子菜单中选择相应的命令可进行三维效果的设置，如图 10.2.1 所示。

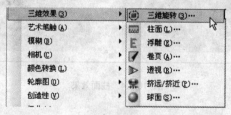

图 10.2.1　三维效果子菜单

1. 三维旋转

三维旋转命令可使位图在水平方向和垂直方向进行旋转，从而得到立体旋转的三维效果。其方法如下：

（1）选中需要应用特效的位图图像。

（2）选择 位图(B) → 三维效果(3) → 三维旋转(3)... 命令，弹出 三维旋转 对话框，如图 10.2.2 所示。

图 10.2.2 "三维旋转"对话框

（3）在该对话框中的 垂直(V)：和 水平(H)：数值框中输入垂直方向和水平方向旋转的角度。

（4）单击 按钮可预览设置的效果，单击 确定 按钮可应用设置的效果，如图 10.2.3 所示。

图 10.2.3 三维旋转效果

2. 柱面

选择 位图(B) → 三维效果(3) → 柱面(L)... 命令，在弹出的 柱面 对话框中设置参数，可使位图产生被粘贴在圆柱体上的效果，如图 10.2.4 所示。

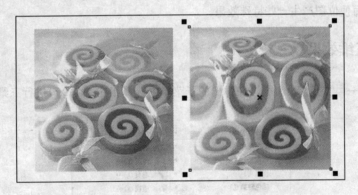

图 10.2.4 柱面效果

3. 浮雕

选择 位图(B) → 三维效果(3) → 浮雕(E)... 命令，在弹出的 浮雕 对话框中设置相应的参数，可得到三维浮雕的效果，如图 10.2.5 所示。

图 10.2.5　浮雕效果

4. 卷页

卷页命令可使位图中的某部分区域呈现纸张一样的卷起效果，其方法如下：

（1）选中需要应用特效的位图图像。

（2）选择 位图(B) → 三维效果(3) → 卷页(A)... 命令，弹出 卷页 对话框，如图 10.2.6 所示。

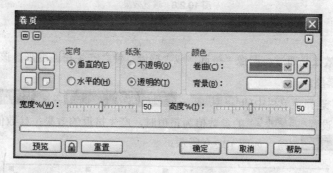

图 10.2.6　"卷页"对话框

（3）单击 □、□、□ 或 □ 按钮可分别设置卷页的方向。

（4）在 定向 选项区中设置卷页沿图像的边缘方向。

（5）在 纸张 选项区中设置卷页部分是否透明。

（6）在 颜色 选项区设置卷页卷起部分的颜色，单击 确定 按钮即可，如图 10.2.7 所示。

图 10.2.7　卷页效果

5．透视

透视命令可以通过调整图像 4 个角的控制点，使图像产生三维深度的感觉。

选择位图后，选择菜单栏中的 位图(B) → 三维效果(3) → 透视(R)... 命令，弹出 透视 对话框。在 类型 选项区中选择一种透视的模式，然后将鼠标移至对话框左侧的调整窗口中调整 4 个控制点，可以改变图像中透视点的位置。单击 确定 按钮，如图 10.2.8 所示。

图 10.2.8　透视效果

6．挤近/挤远

"挤近/挤远"效果是通过将图像"挤远"或"挤近"使之产生扭曲变形。该过滤器支持"黑白"模式外的所有颜色模型。

导入一幅位图。选择菜单栏中的 位图(B) → 三维效果(3) → 挤远/挤近(P)... 命令，弹出 挤远/挤近 对话框。设置 挤远/挤近(P): 的参数值为正值时，产生挤近的效果；参数值为负值时，产生挤远的效果。单击 确定 按钮，如图 10.2.9 所示。

图 10.2.9　挤近/挤远效果

7．球面

球面命令可产生出像将位图对象粘贴在球体上而产生的一种视觉效果。

选择位图后，选择菜单栏中的 位图(B) → 三维效果(3) → 球面(S)... 命令，弹出 球面 对话框。在 优化 选项区中可选择优化方式；在 百分比(P) 输入框中输入数值，可设置球面是凹下的还是凸起的效果；单击 按钮，将鼠标移至位图对象上单击，可确定球体的中心位置。单击 确定 按钮，如图 10.2.10 所示。

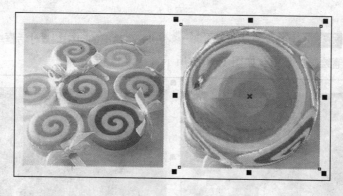

图 10.2.10　球面效果

10.2.2　艺术笔触

艺术笔触命令可以使位图对象产生某种艺术画风格，如炭笔画、蜡笔画、印象派以及波纹纸画等。

选择菜单栏中的 位图(B) → 艺术笔触(A) 命令，可弹出其子菜单，如图 10.2.11 所示。从中选择相应的命令可使位图对象产生自然描绘的效果。下面将介绍最常用的几种。

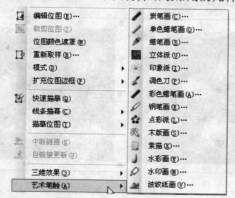

图 10.2.11　艺术笔触子菜单

1. 炭笔画

选择 位图(B) → 艺术笔触(A) → 炭笔画(C)... 命令，在弹出的 炭笔画 对话框中设置相应的参数，可使图像产生素描的效果，如图 10.2.12 所示。

图 10.2.12　炭笔画效果

139

2．蜡笔

选择 位图(B) → 艺术笔触(A) → 蜡笔画(R)… 命令，在弹出的 蜡笔画 对话框中设置相应的参数，可使图像产生用蜡笔绘画的效果，如图 10.2.13 所示。

图 10.2.13　蜡笔画效果

3．印象派

选择 位图(B) → 艺术笔触(A) → 印象派(I)… 命令，在弹出的 印象派 对话框中设置相应的参数，可使图像产生类似印象画派的效果，如图 10.2.14 所示。

图 10.2.14　印象派效果

4．波纹纸画

选择 位图(B) → 艺术笔触(A) → 波纹纸画(V)… 命令，在弹出的 波纹纸画 对话框中设置相应的参数，可使图像产生波纹纸画的效果，如图 10.2.15 所示。

图 10.2.15　波纹纸画效果

10.2.3 模糊

模糊效果是指运用 CorelDRAW X4 提供的模糊命令，创建出平滑的图像效果。CorelDRAW X4
提供了九种用于位图对象的模糊效果，下面将介绍其中最常用的几种。

选择 位图(B) → 模糊(B) 命令，在弹出的子菜单中选择相应的命令可进行模糊效果的设置，如图
10.2.16 所示。

图 10.2.16 模糊子菜单

1．高斯式模糊

选择 位图(B) → 模糊(B) → 高斯式模糊(G)... 命令，在弹出的 高斯式模糊 对话框中设置相应的参数，
可使图像产生高斯雾化的效果，如图 10.2.17 所示。

图 10.2.17 高斯式模糊效果

2．动态模糊

选择 位图(B) → 模糊(B) → 动态模糊(M)... 命令，在弹出的 动态模糊 对话框中设置相应的参数，可
使图像产生因高速运动而产生的模糊效果，如图 10.2.18 所示。

图 10.2.18 动态模糊效果

10.2.4　颜色转换

在 CorelDRAW X4 中对位图图像进行处理的重要方式之一就是对位图的颜色进行特殊处理，位图颜色的转换可以使位图的整体效果发生改变，从而形成具有特殊效果的艺术图像。

1．位平面

选择 位图(B) → 颜色转换(L) 命令，在弹出的子菜单中选择相应的命令可对图像进行色彩转换的设置，如图 10.2.19 所示。

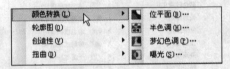

图 10.2.19　颜色转换子菜单

选择 位图(B) → 颜色转换(L) → 位平面(B)… 命令，在弹出的 位平面 对话框中可对红、绿和蓝 3 种颜色参数进行设置，从而改变图像的颜色，其效果如图 10.2.20 所示。

图 10.2.20　位平面效果

2．半色调

半色调命令可以使位图对象产生一种网格效果。

3．梦幻色调

梦幻色调命令可以将位图的颜色转换为很亮的电子颜色。

4．曝光

曝光命令可将位图的颜色转换成照片的底片颜色。

10.2.5　轮廓图

选择 位图(B) → 轮廓图(O) 命令，在弹出的子菜单中选择相应的命令可得到图像的不同轮廓的效果，如图 10.2.21 所示。

图 10.2.21　轮廓图子菜单

1. 边缘检测

边缘检测命令可以在图像中添加不同的边缘效果。

2. 查找边缘

查找边缘命令可以使图像的边缘轮廓较亮显示。

选择菜单栏中的 `位图(B)` → `轮廓图(O)` → `查找边缘(F)…` 命令，弹出 `查找边缘` 命令，在 `边缘类型：` 选项区中可选择一种边缘类型，并通过调节 `层次(L)：` 参数值来设置边缘亮度。预览满意后，单击 `确定` 按钮，图像效果如图 10.2.22 所示。

图 10.2.22 应用查找边缘前后效果对比

3. 描摹轮廓

描摹轮廓命令可以将位图的边缘勾勒出来，达到描边的效果。

10.2.6 创造性

运用创造性命令，可以对图像应用不同的底纹和形状。下面将介绍其中最常用的几种。

选择 `位图(B)` → `创造性(V)` 命令，在弹出的子菜单中选择相应的命令可使图像得到具有创造性特色的效果，如图 10.2.23 所示。

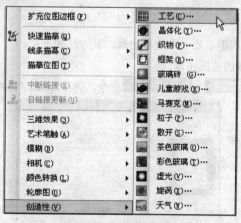

图 10.2.23 创造性子菜单

1. 工艺

选择 `位图(B)` → `创造性(V)` → `工艺(C)…` 命令，在弹出的 `工艺` 对话框中的 `样式(S)：` 下拉列表中选择所需要应用的样式，并设置其相应的参数，可得到如图 10.2.24 所示的效果。

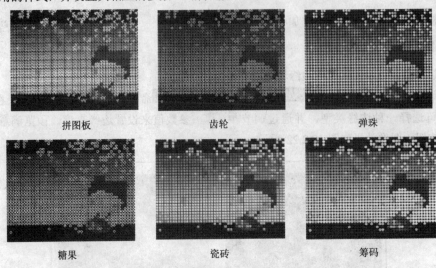

图 10.2.24　工艺效果

2．晶体化

选择 位图(B) → 创造性(V) → 晶体化(Y)...命令，在弹出的 晶体化 对话框中进行相应的参数设置，可使图像产生水晶破碎的效果，如图 10.2.25 所示。

图 10.2.25　晶体化效果

3．框架

框架命令可以在图像的周围添加一个照片边框，其方法如下：

（1）选中需要应用特效的位图图像。

（2）选择 位图(B) → 创造性(V) → 框架(R)...命令，弹出 框架 对话框，如图 10.2.26 所示。

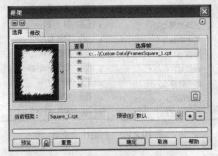

图 10.2.26　"框架"对话框

（3）选择该对话框中的 选择 选项卡，在框架样式列表中可选择合适的框架，如图 10.2.27 所示。

（4）选择该对话框中的 修改 选项卡，在该选项区中可对所选的框架进行进一步的编辑，如图 10.2.27 所示。

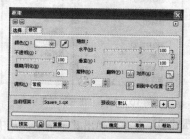

图 10.2.27 "框架"对话框

（5）单击"颜色"下拉列表框 ▼，在弹出的下拉列表中可选择框架所使用的颜色。

（6）调节 不透明(O): 和 模糊/羽化(B) 滑块可设置框架的透明程度和模糊程度。

（7）在 缩放: 选项区中可设置框架的应用范围。

（8）单击 确定 按钮可应用设置的效果，如图 10.2.28 所示。

图 10.2.28 框架效果

4. 天气

选择 位图(B) → 创造性(V) → 天气(W)... 命令，在弹出的 天气 对话框中进行相应的参数设置，可使图像得到不同的天气效果，如图 10.2.29 所示。

雪　　　　　　　　　　　　　雨　　　　　　　　　　　　　雾

图 10.2.29 天气效果

10.2.7 扭曲

选择 位图(B) → 扭曲(D) 命令，在弹出的子菜单中选择相应的命令可制作出不同的扭曲效果，如图 10.2.30 所示。

图 10.2.30 "扭曲"子菜单

选择菜单栏中的 位图(B) → 扭曲(D) 命令，弹出其子菜单，从中选择相应的命令可使位图对象产生相应的扭曲效果。

1. 块状

使用挑选工具在页面中选择需要使用扭曲命令的位图对象，如图 10.2.31 所示。

选择菜单栏中的 位图(B) → 扭曲(D) → 块状(B)… 命令，弹出 块状 对话框，如图 10.2.32 所示。

图 10.2.31 选择位图

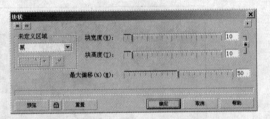

图 10.2.32 "块状"对话框

在对话框中设置好参数，单击 确定 按钮，位图对象应用块状滤镜效果如图 10.2.33 所示。

图 10.2.33 应用块状滤镜后的位图效果

2. 置换

为如图 10.2.31 所示的位图添加置换滤镜效果。

选择菜单栏中的 位图(B) → 扭曲(D) → 置换(D)… 命令，弹出 置换 对话框，如图 10.2.34 所示。

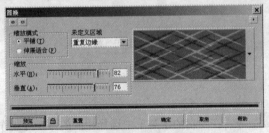

图 10.2.34 "置换"对话框

在对话框中设置好参数，单击 确定 按钮，位图对象应用置换滤镜效果如图 10.2.35 所示。

图 10.2.35 应用置换滤镜后的位图效果

3．偏移

为如图 10.2.31 所示的位图添加偏移滤镜效果。

选择菜单栏中的 位图(B) → 扭曲(D) → 偏移(O)… 命令，弹出 偏移 对话框，如图 10.2.36 所示。

在对话框中设置好参数，单击 确定 按钮，此时的位图使用偏移滤镜后的效果如图 10.2.37 所示。

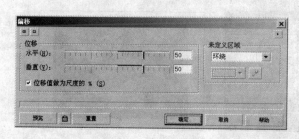

图 10.2.36 "偏移"对话框

图 10.2.37 使用偏移滤镜后的位图效果

4．像素

为如图 10.2.31 所示的位图添加像素滤镜效果。

选择菜单栏中的 位图(B) → 扭曲(D) → 像素(P)… 命令，弹出 像素 对话框，如图 10.2.38 所示。

在对话框中设置好各项参数，单击 确定 按钮，此时的位图使用像素滤镜后的效果如图 10.2.39 所示。

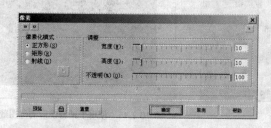

图 10.2.38 "像素"对话框

图 10.2.39 使用像素滤镜后的位图效果

5．龟纹

为如图 10.2.31 所示的位图添加龟纹滤镜效果。

选择菜单栏中的 位图(B) → 扭曲(D) → 〰 龟纹(R)··· 命令，弹出 龟纹 对话框，如图 10.2.40 所示。在对话框中设置好各项参数，单击 确定 按钮，位图使用龟纹滤镜后的效果如图 10.2.41 所示。

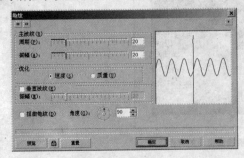
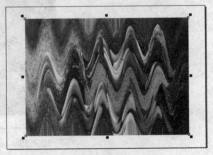

图 10.2.40 "龟纹"对话框   图 10.2.41 使用龟纹滤镜后的位图效果

6. 旋涡

为如图 10.2.31 所示的位图添加旋涡滤镜效果。

选择菜单栏中的 位图(B) → 扭曲(D) → ◎ 旋涡(I)··· 命令，弹出 旋涡 对话框，如图 10.2.42 所示。

在对话框中设置好各项参数，单击 确定 按钮，此时的位图应用旋涡滤镜后的效果如图 10.2.43 所示。

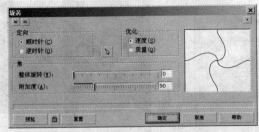

图 10.2.42 "旋涡"对话框   图 10.2.43 应用旋涡滤镜后的位图效果

7. 平铺

为如图 10.2.31 所示的位图添加平铺滤镜效果。

选择菜单栏中的 位图(B) → 扭曲(D) → ▨ 平铺(T)··· 命令，弹出 平铺 对话框，如图 10.2.44 所示。在对话框中设置好参数，单击 确定 按钮，此时的位图应用平铺滤镜后的效果如图 10.2.45 所示。

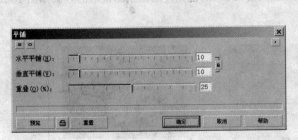
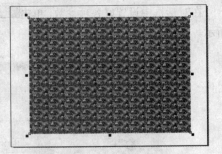

图 10.2.44 "平铺"对话框   图 10.2.45 使用平铺滤镜后的位图效果

8. 湿笔画

为如图 10.2.31 所示的位图添加湿笔画滤镜效果。

选择菜单栏中的 位图(B) → 扭曲(D) → ▨ 湿笔画(W)命令，弹出 湿笔画 对话框，如图 10.2.46 所示。

图 10.2.46 "湿笔画"对话框

在对话框中设置好参数,单击 确定 按钮,就可对位图应用湿笔画效果。

9. 涡流

为如图 10.2.31 所示的位图添加涡流滤镜效果。

选择菜单栏中的 位图(B) → 扭曲(D) → 涡流(H)…命令,弹出 涡流 对话框,如图 10.2.47 所示。

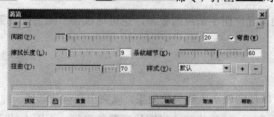

图 10.2.47 "涡流"对话框

在对话框中设置好参数,单击 确定 按钮,就可对位图应用涡流滤镜效果。

10. 风吹效果

为如图 10.2.31 所示的位图添加风滤镜效果。

选择菜单栏中的 位图(B) → 扭曲(D) → 风吹效果(N)…命令,弹出 风吹效果 对话框,如图 10.2.48 所示。

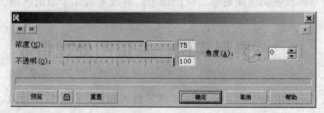

图 10.2.48 "风"对话框

在对话框中设置好参数,单击 确定 按钮,就可对位图应用风滤镜效果。

10.2.8 杂点

选择菜单栏中的 位图(B) → 杂点(N) 命令,弹出其子菜单,从中选择相应的杂点命令可以对位图对象进行各种杂点操作。

1. 添加杂点

使用添加杂点命令可以在图像中添加杂点,为平板或比较混杂的图像制作粒状效果。

2. 最大值

最大值命令可根据图像的最大值颜色调整位图对象的颜色,从而去除杂点。

3. 中值

中值命令使图像的颜色均匀分布，去除位图对象中的杂点与空白颜色，从而使图像显得很平滑。

4. 最小

最小值命令可设置图像中的杂点大小和亮度，并且可以根据图像的最小值颜色来调整位图对象中的颜色，从而去除杂点。

5. 去除龟纹

去除龟纹命令可以删除位图对象中的波浪形杂点。

6. 去除杂点

去除杂点命令可自动设置位图中杂点的数量，也可通过调节阈值来设置位图对象中的杂点数量。

10.2.9　鲜明化

运用鲜明化命令，可以使图像产生鲜明化效果，以突出和强化边缘。鲜明化效果主要包括适应非鲜明化、定向柔化、高频通行、鲜明化和非鲜明化遮罩效果等，下面介绍几种常用的鲜明化效果。

1. 适应非鲜明化

选择菜单栏中的 `位图(B)` → `鲜明化(S)` → `适应非鲜明化(A)...` 命令，弹出 `适应非鲜明化` 对话框，通过调节 `百分比(P):` 输入框中的数值，可设置图像边缘的鲜明化，使图像边框的颜色更加鲜明。

2. 非鲜明化遮罩

非鲜明化遮罩命令可以强调位图对象边缘的细节，并使非锐化平滑的区域变得明显。

10.3　典型实例——位图处理特效

本节主要介绍在 CorelDRAW X4 中，利用本章学过的知识，制作位图特效，如图 10.3.1 所示。

图 10.3.1　效果图

创作步骤

（1）选择菜单栏中的 `文件(F)` → `新建(N)` 命令，新建一个页面。

（2）选择菜单栏中的 文件(F) → 导入(I)... 命令，在弹出的 导入 对话框中选择合适的位图图像。然后单击 导入 按钮，将选择的位图导入到页面中，调整合适的图像尺寸，如图 10.3.2 所示。

（3）选择菜单栏中的 文件(F) → 导入(I)... 命令，在弹出的 导入 对话框中选择位图图像，单击 导入 按钮，将选择的位图导入到页面中，可覆盖先前导入的位图，然后调整图像的尺寸，如图 10.3.3 所示。

图 10.3.2 导入并调整位图

图 10.3.3 导入第二幅位图

（4）使用挑选工具选择导入的第二幅位图图像，选择菜单栏中的 位图(B) → 创造性(V) → 散开(S)... 命令，弹出 散开 对话框，参数设置如图 10.3.4 所示。

（5）单击 确定 按钮，应用散开滤镜后的效果如图 10.3.5 所示。

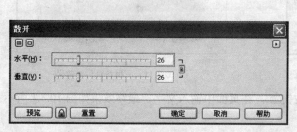
图 10.3.4 "散开"对话框

图 10.3.5 应用散开滤镜后的效果

（6）选择应用了散开滤镜效果的位图，在工具箱中单击"透明度"按钮，即可在位图上应用方形透明效果，在属性栏中设置参数，如图 10.3.6 所示。

（7）在位图上使用鼠标拖动透明工具的控制点，调整透明效果，如图 10.3.7 所示。

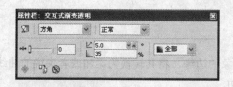
图 10.3.6 交互式渐变透明工具属性栏

图 10.3.7 应用透明效果的位图

（8）单击工具箱中的"艺术笔"按钮，在属性栏中设置参数，如图 10.3.8 所示。

（9）在页面中拖动鼠标绘制所选的图案，效果如图 10.3.9 所示。

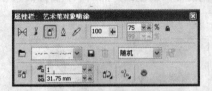

图 10.3.8　艺术笔工具属性栏

图 10.3.9　拖动鼠标绘制所选的图案

（10）使用挑选工具选择应用散开滤镜后的位图，选择菜单栏中的 位图(B) ➡ 三维效果(3) ➡ 卷页(A)... 命令，弹出 卷页 对话框，参数设置如图 10.3.10 所示。单击 确定 按钮，效果如图 10.3.11 所示。

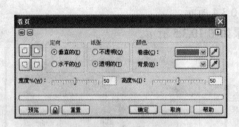

图 10.3.10　"卷页"对话框

图 10.3.11　应用卷页后的效果

（11）单击工具箱中的"文本工具"按钮 字，在页面中输入文字，最终效果如图 10.3.1 所示。

小　　结

本章主要讲述了 CorelDRAW X4 中的有关位图的命令和操作，利用本章知识可以将位图在 CorelDRAW X4 中进行一些基本的处理，并可以对其使用特效。对于矢量图，若要使用位图的一些特效，也可将其转换为位图进行编辑操作。

过关练习十

一、填空题

1. 使用＿＿＿＿＿＿滤镜，可以找到图像中各对象的边缘，将其转换为柔和或者尖锐的曲线。

2. 使用＿＿＿＿＿＿工具可以实现对位图的裁切。

3. 若要对矢量图应用位图的特效，则必须对该矢量图使用＿＿＿＿＿命令。

二、选择题

1. 通过使用（　　）工具可以移动位图轮廓上的节点或编辑位图轮廓的曲度。

A. 刻刀 B. 形状
C. 交互式变形 D. 挑选
2. 使用（ ）模糊命令可以使位图对象产生一种快速运动的模糊效果。
A. 高斯式 B. 低频通行
C. 动感 D. 放射式
3. 卷页命令是（ ）子菜单中的命令之一。
A. 模糊 B. 杂点
C. 扭曲 D. 三维特效

三、问答题

如何将矢量图转换为位图？

四、上机操作题

1. 导入一幅位图，为其制作梦幻色调效果，如题图 10.1 所示。

题图 10.1 把图形制作为梦幻色调效果

2. 导入一幅 RGB 模式的彩色图像，将其转换为灰度模式的图像。

3. 导入一幅位图图像，制作如题图 10.2 所示的虚光效果。

题图 10.2 虚光效果

第 11 章　打印输出

将绘制好的文件打印出来，是输出文件的一种最常用的方法，CorelDRAW X4 为用户提供了强大的打印输出功能。一般情况下，可直接利用 CorelDRAW X4 的默认设置并选择正确的打印机驱动程序就可以进行打印。

本章重点

（1）打印设置。

（2）打印预览。

（3）打印输出。

（4）商业印刷。

11.1　打印设置

在使用打印机打印文档之前，需要对打印机的型号以及其他打印事项进行正确的设置。不同的打印作业要求设置不同的打印介质、介质大小与打印类型等。

11.1.1　打印机属性的设置

在 **打印设置** 对话框中可以选择适当的打印机，也可观察打印机的状态、类型与端口位置。如果需要打印的图形不能按照系统默认的设置来进行打印，那么就必须通过打印机属性对话框进行设置。打印机的设置与具体的打印机有关。

11.1.2　纸张设置选项

选择 文件(F) → 打印设置(U)... 命令，弹出 **打印设置** 对话框，如图 11.1.1 所示。在此话框中显示了有关打印机的相关信息，如打印机的名称、状态与类型等。单击 属性(P) 按钮，默认状态下，弹出如图 11.1.2 所示的对话框。

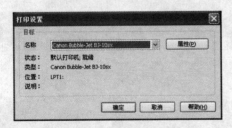

图 11.1.1　"打印设置"对话框

图 11.1.2　设置打印机属性对话框

11.2 打印预览

在进行打印之前,打印预览是十分重要的。尤其是对没有把握的打印设置,最好先进行打印预览,查看一下结果,这对于大批量打印文件也很重要。在打印之前进行打印预览可以及时修改作品,提高整体的工作效率,以避免造成纸墨浪费。

11.2.1 预览打印作品

可以使用全屏"打印预览"来查看作品被送到打印设备以后的确切外观。"打印预览"显示出图像在打印纸上的位置与大小。如果设置,还会显示出打印机标记,如裁剪标记和颜色校准栏等。还可以手动调整作品大小及位置。为了能更精确地预览到作品最终的外观,可以使用视觉帮助,例如边界框,它显示了待打印图像的边缘。侧面和底部的滑动条显示更大的工作区空间。

预览打印作品的具体操作如下:

（1）选择菜单栏中的 文件(F) → 打印预览(R)... 命令,即可进入如图 11.2.1 所示的预览窗口。

（2）单击 + 按钮,可将当前预览框中的对象另存为一个新的打印类型。

（3）单击 按钮,可弹出 打印选项 对话框,在此对话框中可具体设置打印的相关事项。

（4）单击 到页面 下拉列表框,可弹出如图 11.2.2 所示的下拉列表,从中可以选择不同的缩放比例来预览打印。

<table>
<tr><td>图 11.2.1　打印预览窗口</td><td>图 11.2.2　缩放比例下拉列表</td></tr>
</table>

（5）单击该窗口左侧的"挑选工具"按钮 ,可将打印对象的位置进行移动。

（6）单击该窗口左侧的"版面布局"按钮 ,可设置和编辑版面的布局。

（7）单击该窗口左侧的"标记放置工具"按钮 ,可定位打印标记。

（8）单击该窗口左侧的"缩放工具"按钮 ,可设置不同显示比例的打印预览效果。

（9）单击该窗口上方的"满屏"按钮 ,可将打印对象全屏显示出来。

（10）单击该窗口上方的"启用分色"按钮 ,可分解打印对象的颜色。

（11）单击该窗口上方的"反色"按钮 ,可打印对象的底片效果。

（12）单击该窗口上方的"关闭打印预览"按钮 ,可关闭预览窗口。

11.2.2 调整大小和定位

在打印预览窗口中，可用下面的方法手动调整打印图像的大小。

（1）单击工具箱中的挑选工具。

（2）用挑选工具选择图形，图形上可出现 8 个控制点（此时选择的是整个绘图页面中的内容）。

（3）将光标移到控制点处时，鼠标光标变为双箭头形状，此时便可以调整所选图形的大小了。

（4）拖动鼠标，可移动图形在打印页面中的位置。

当页面中含有位图时，更改图像大小要小心。如果要放大图像，则位图可能会呈现出锯齿状。

11.2.3 自定义打印预览

更改预览图像的质量，可以加快打印预览的重绘速度，还可以指定预览的图像是彩色图像还是灰度图像。其具体操作如下：

（1）在打印预览窗口中，选择菜单栏中的 查看(V) → 显示图像(I) 命令，此时图像将由一个框来表示，如图 11.2.3 所示。

（2）选择 查看(V) → 颜色预览(C) 命令，弹出其子菜单，如图 11.2.4 所示。从中选择 彩色(C) 命令，图像即显示为彩图；选择 灰度(G) 命令，图像可显示为灰度图。默认的设置是 自动(模拟输出)(A)，它可根据所用打印机的不同而显示为灰度或是彩色图像。

图 11.2.3　图像显示为灰色　　　　　　　　　图 11.2.4　"颜色预览"子菜单

11.3　打印输出

设置好打印机属性，并对打印预览效果满意后，就可以将作品打印输出。打印到纸张或胶片后，便可进行印刷。如果打印的是一般的图像，操作比较简单，只需要直接单击工具栏中的 **打印** 按钮即可。但如果要打印多个页面的文档或打印文档中指定的部分时，就需要更多地设置打印选项。

11.3.1 打印操作

在预览窗口中对打印的效果进行预览和设置，若对打印预览的效果满意，就可以直接进行打印操作。打印的方法如下：

（1）选择 文件(F) → 打印(P)... 命令，弹出 **打印** 对话框，如图 11.3.1 所示。

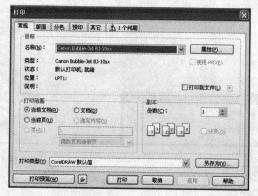

图 11.3.1 "打印"对话框

（2）选择 打印 对话框中的 常规 选项卡，在该选项卡中的 名称(N)：下拉列表中可选择打印机，在 打印范围 选项区中可设置打印的范围，在 副本 选项区中可设置打印的份数。

（3）选择 打印 对话框中的 版面 选项卡，在该选项卡中主要设置打印对象在页面中的布局。

（4）选择 打印 对话框中的 分色 选项卡，在该选项卡中可设置是否分色打印。

（5）选择 打印 对话框中的 预印 选项卡，在该选项卡中可进行页面设置及设置是否打印文件的页码、对折标记、校正条等信息。

（6）选择 打印 对话框中的 其它 选项卡，在该选项卡中可设置是否打印工作信息表以及是否应用 ICC 描述文件。

11.3.2 打印多个副本

如果需要打印多页文档或打印文档指定部分时，就要更多地设置打印选项。

根据显示原理的不同，计算机中的图形分为矢量图和位图两种形式。其中，矢量图是计算机根据矢量数据绘制而成的，它由线条和色块组成，与分辨率无关。当对矢量图进行放大操作时，不会出现失真现象。

如果要将一幅作品，例如名片、标签之类的小东西在同一张纸上打印多个，就需要设置页面格式；如果把页面格式与一种已经在一张纸上放了几个绘图页面（如折叠卡片）的拼版样式一起命名，那么图像将被放在一个图文框中当做一个绘图对象使用。

要选择并使用页面格式，其具体操作如下：

（1）选择 文件(F) → 打印预览(R)... 命令，可打开打印预览窗口，在工具箱中单击"版面布局工具"按钮 ，其属性栏显示如图 11.3.2 所示。

（2）在属性栏中设置拼版格式。单击编辑内容下拉列表框 编辑基本设置 ，可从弹出的下拉列表中选择 编辑基本设置 选项，然后在属性栏中的交叉/向下页数输入框 中输入数值，即可设置页面格式的每个拼版样式。

（3）此时，在打印预览窗口中单击"打印"按钮 ，可将设置页面格式后所有放置在绘图页面中的版面依次打印在一张纸上。

（4）在如图 11.3.3 所示的页面中看到，可在一张纸上打印 4 张文档。但还有很大一部分页边可以利用，因此，可以增加打印文本的数量，在属性栏的交叉/向下页数输入框 中调整数值即可。

图 11.3.2　版面布局工具属性栏

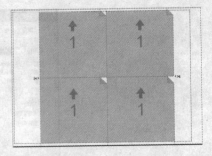

图 11.3.3　设置页面格式

11.3.3　打印大幅作品

如果要打印的作品比打印纸大，可以把它"平铺"到几张纸上，然后把各个分离的页面组合在一起，以构成完整的图像作品。其操作步骤如下：

（1）选择 文件(F) → 打印(P)... 命令，弹出 打印 对话框，在此对话框中打开 版面 选项卡，如图 11.3.4 所示。

（2）选中 ☑打印平铺页面(T) 复选框，在 平铺重叠(V): 输入框中可输入数值或页面大小的百分比，并指定平铺纸张的重叠程度。

（3）单击 打印 按钮，可开始打印，也可单击 打印预览(W) 按钮，进入打印预览窗口查看结果。在预览窗口中将鼠标光标移向页面，可观察打印作品的重叠部分及所需要使用的纸张数目。

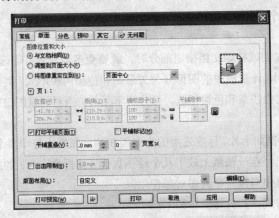

图 11.3.4　"版面"选项卡

11.3.4　指定打印内容

可以打印指定的页面、对象以及图层，通过在对象管理器中选择可打印图标即可，也可指定打印的数量以及是否将副本排序。排序对于打印多页文档是非常有用的。

1．打印指定的图层

如果创建的图像具有多个图层，而有时候需要打印的只是单独的图层，可通过对象管理器来打印指定的图层。其具体操作如下：

（1）打开一幅包含多个图层的需要打印的对象。

（2）选择 工具(O) → 对象管理器(N) 命令，弹出 对象管理器 泊坞窗，如图 11.3.5 所示。

（3）在泊坞窗中单击"显示对象属性"按钮 与"跨图层编辑"按钮，可显示出该图形对象中所包含的每一个图层。

（4）选择要打印的图层，然后在泊坞窗中单击打印机图标，使其以高亮显示，表示选定打印。

（5）单击工具栏中的"打印"按钮，可弹出 打印 对话框，打开 常规 选项卡，选中 ⊙ 选定内容(S) 单选按钮，再单击 打印 按钮，即可打印所选的图层内容。

图 11.3.5　"对象管理器"泊坞窗

2．指定打印对象的类型

在 CorelDRAW X4 中，不但可以指定打印图形中的一个图层（在对象管理器中设置），还可以指定打印对象的类型，例如可以选择只打印矢量图或文本等。其具体的方法如下：

（1）在打印预览窗口中，单击属性栏中的"打印选项"按钮，弹出 打印选项 对话框，此对话框中的设置与 打印 对话框完全相同。

（2）选择 其它 选项卡，可显示出此选项中的参数，如图 11.3.6 所示。

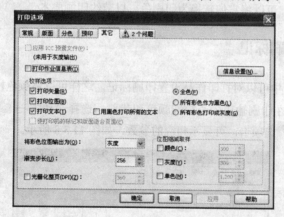

图 11.3.6　"其它"选项卡

（3）在 校样选项 选项区中可选择需要打印的对象，单击 确定 按钮即可按所选类型进行打印。

11.3.5　分色打印

分色打印主要用于专业的出版印刷，如果给输出中心或印刷机构提交了彩色作品，那么就需要创建分色片。由于印刷机每次只在一张纸上应用一种颜色的油墨，因此分色片是必不可少的。分色片是通过将图像中的各颜色分离成印刷色或专色来创建的，再用每一种颜色的分色片来制作一张胶片，又在每一张胶片上使用一种颜色的油墨，这样才能最终印刷成彩色作品。

CorelDRAW X4 可支持一种新型的印刷色，称为 6 色度图版。6 色度图版使用 6 种不同颜色（青色、品红、黄色、黑色、橙色与绿色）的油墨来产生全色图像。如果需要使用 6 色度图版，还要咨询印刷输出中心是否支持使用 6 色度图版。

彩色作品可以分离为印刷四色分色片，即 CMYK。分离四色片的步骤如下：

（1）选择 文件(F) → 打印(P)... 命令，弹出 打印 对话框，打开 分色 选项卡，可显示出相应的参数，如图 11.3.7 所示。

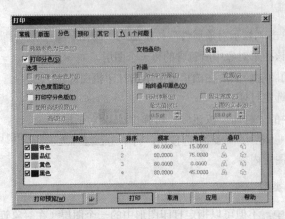

图 11.3.7 "分色"选项卡

（2）选中 打印分色(S) 复选框，单击 应用 按钮，此时将会把作品分为青色、洋红、黄色与黑色分色片。也可单击 打印预览(W) 按钮，在打印预览窗口中查看分色片。

当打印作品中包含有专色时，选中 打印分色(S) 复选框，可为每一个专色创建一个分色片。如果使用的专色大于 4 个，可以将它们转换为印刷色，以节约印刷成本。

11.3.6 设置印刷标记

在 CorelDRAW X4 中可以对打印作品设置印刷标记，这样可以将颜色校准、裁剪标记等信息输送到打印页面，以利于在印刷输出中心校准颜色和裁剪。选择 文件(F) → 打印(P)... 命令，弹出 打印 对话框，打开 预印 选项卡，可显示相应的参数，如图 11.3.8 所示。

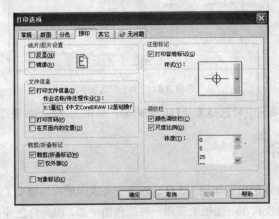

图 11.3.8 "预印"选项卡

在 纸片/胶片设置 选项区中，可指定以负片形式打印以及设置胶片的感光面是否向下。

在 文件信息 选项区中，可在打印作品底部设置打印文件名、当前日期、时间以及应用的平铺纸张数与页码。

在 裁剪/折叠标记 选项区中选中 裁剪/折叠标记(M) 复选框，可以将裁剪和折叠页面的标记打印出来；选中 仅外部(X) 复选框，在打印时只打印图像外部的裁剪/折叠记号。

在 注册标记 选项区中，可以设置在每一张工作表上打印出套准标记，这些标记可用做对齐分色片的指引标记。

在 调校栏 选项区中有两个选项：选中 ☑ 颜色调校栏(C) 复选框，将在作品旁边打印出包含 6 种基本颜色的颜色条(红、绿、蓝、青、品红、黄)，这些颜色条用于校准打印输出的质量；选中 ☑ 尺度比例(D) 复选框，可以在每个分色工作表上打印密度计刻度，它允许称为密度计的工具来检查输出内容的精确性和一致性。

单击 打印预览(W) 按钮，即可在绘图区看到以上的这些设置。

11.3.7 拼版

拼版样式决定了如何将打印作品的各页放置到打印页面中。例如，要将制作的三折页输出到打印机，以适合折叠需要时，就要用到拼版。只要依次执行下面的步骤，即可正确打印。

（1）打开文件（文件为自定义大小、横向，而当前打印纸为 A4，方向为竖向）。

（2）选择 文件(F) → 打印预览(R)... 命令，如果此时打印机的进行方向是纵向的，则会出现一个提示框。单击 否(N) 按钮，可自动调整打印纸的方向；单击 是(Y) 按钮，可手动调整纸张的方向。

（3）在此，可单击 是(Y) 按钮，在打印预览窗口中单击 "版面布局工具" 按钮 ，在其属性栏中的当前版面布局下拉列表中选择 三折卡片 选项，即可在预览窗口中显示出三折卡片的预览效果，如图 11.3.9 所示。

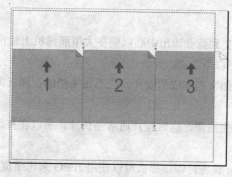

图 11.3.9 预览三折卡片的拼版效果

（4）在属性栏中单击 "模板/文档预览" 按钮 ，可以在看到模板的同时观察绘图的位置及打印方向。

11.4 商业印刷

当完成一幅作品并设置好各选项后，进行商业印刷、交付彩色输出中心时，需要把作品印刷的各项设置让商业印刷机构的人员了解清楚，以便让他们做出最后的鉴定，并估计存在的问题。

11.4.1 准备印刷作品

商业印刷机构需要用户提供.PRN，.CDR，.EPS 文件，存储到文件时应该注意这一点，同时要提供一份最后的文件信息给商业印刷机构。

1. PRN 文件

如果能全权控制印前的设置，可以把打印作品存储为.PRN 文件。商业打印机构直接把这种打印文件传送到输出设备上，将打印作品存储为.PRN 文件时，还要附带一张工作表，上面标出所有指定的印前设置。

2. CDR 文件

如果没有时间或不知道如何准备打印文件，可以把打印作品存储为.CDR 文件，只要商业打印机构配有 CorelDRAW 软件，就可以使用印前设置进行印刷。

3. EPS 文件

有些商业打印机构能够接受.EPS 文件（如同从 CorelDRAW 中导出一样），输出中心可以把这类文件导入其他应用程序，然后进行调整并最后印刷。

使用配备彩色输出中心向导，可以指导用户为彩色输出中心准备文件。如果商业印刷机构的彩色输出中心提供了输出中心预置文件，应用该向导会非常有效。预置文件是使用为输出中心预置文件的向导创建的，输出中心包括了设置打印作为形势发展所需的所有信息，以正确完成印刷作品。

选择 文件(F) → 为彩色输出中心做准备(B)… 命令，弹出 配备"彩色输出中心"向导 提示框，按照向导的提示，可以一步步地完成印刷文件的准备。

11.4.2 打印到文件

如果需要将.PRN 文件提交到商业输出中心以便在大型照排机上输出，就需要把作业打印到文件。当要打印到文件时，需要考虑以下几点：

（1）打印作业的页面（如文档制成的胶片）应当比文档的页面（即文档自身）大，这样才能容纳打印机的标记。

（2）照排机在胶片上产生图像，这时胶片通常是负片，所以在打印到文件时可以设置打印作品产生负片。

（3）如果使用 PostScript 设备打印，那么可以使用.JPEG 来压缩位图，以使打印作品更小。

打印到文件的具体操作如下：

（1）选择 文件(F) → 打印(P)… 命令，弹出 打印 对话框，如图 11.4.1 所示。

（2）选中 ☑ 打印到文件(L) 复选框，单击 打印 按钮，弹出 打印到文件 对话框，如图 11.4.2 所示。在 文件名(N)： 下拉列表框中可输入文件名称，相应的扩展名为.PRN。

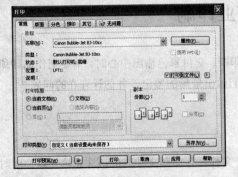

图 11.4.1 "打印"对话框

图 11.4.2 "打印到文件"对话框

在进行商业印刷的准备时，最好的方法是向商业印刷机构进行咨询，这样可以确保用户为正式输出进行了正确的参数设置。

小 结

本章主要对文档的打印设置、预览、输出以及商业印刷进行了详细的讲解。通过本章的学习，读者应该掌握并灵活运用这些知识对文档进行相关的打印。

过关练习十一

一、填空题

1. 在进行打印作品之前，_____是十分重要的。

2. 在打印预览窗口中单击 按钮，可将打印的对象进行_____。

3. 打印文件一般要经过_____和打印两个步骤。

4. 彩色作品可以分离为印刷四色，即_____、_____、_____、_____。

5. 在打印预览窗口的工具栏中单击_____按钮，可将打印预览的文档以镜像或反片效果进行打印。

二、选择题

1. 文件（ ）是导出文件的主要方式之一。

    A. 打印   B. 预览

    C. 设计   D. 创意

2. 打印命令的快捷键是（ ）。

    A. Ctrl+P   B. Ctrl+C

    C. Ctrl+X   D. Ctrl+V

3. 在打印预览窗口，单击（ ）按钮，表示启用打印图像的分色效果。

    A.   B.

    C.   D.

三、问答题

1. 输入图像有哪几种方法？

2. 如何进行打印设置？

3. "打印"对话框中包括哪几个选项卡？

四、上机操作题

1. 在 CorelDRAW X4 中制作一个包含多页面的文档，练习对其进行打印预览并打印。

2. 在 CorelDRAW X4 中绘制一幅图形，并尝试对其进行打印。

第 12 章 实 例 精 解

为了更好地了解并掌握 CorelDRAW X4,本章准备了一些具有代表性的实例。所举实例由浅入深地贯穿本书的知识点,相信通过本章实例的学习,读者能够掌握该软件的强大功能。

本章重点

(1)酒盒包装设计。
(2)公司网页设计。
(3)宣传广告设计。
(4)电影海报设计。
(5)灯箱设计。
(6)封面设计。

实例 1 酒盒包装设计

创作目的

本例制作酒盒包装设计,效果如图 12.1.1 所示。本例主要用到辅助线、文本工具、填充工具、阴影等工具。

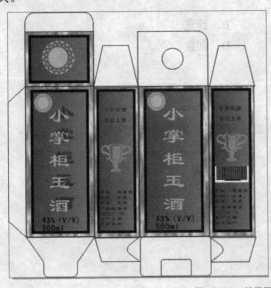

图 12.1.1 效果图

创作步骤

(1)在菜单栏中选择 文件(F) → 新建(N) 命令,新建一个文件。

(2)选择菜单栏中的 工具(O) → 选项(O)… Ctrl+J 命令,弹出 选项 对话框,参数设置如

图 12.1.2 所示，单击 确定 按钮完成页面的设置。

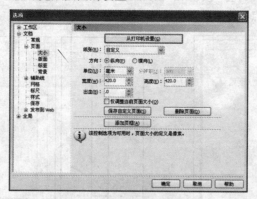

图 12.1.2 "选项"对话框

（3）选择菜单栏中的 工具(O) → 选项(O)… Ctrl+J 命令，弹出 选项 对话框，在对话框中设置水平辅助线，参数设置如图 12.1.3 所示，单击 确定 按钮完成水平辅助线的设置。

（4）选择菜单栏中的 工具(O) → 选项(O)… Ctrl+J 命令，弹出 选项 对话框，在对话框中设置垂直辅助线，参数设置如图 12.1.4 所示，单击 确定 按钮完成水平辅助线的设置，添加辅助线效果如图 12.1.5 所示。

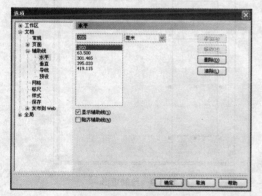

图 12.1.3 设置水平辅助线

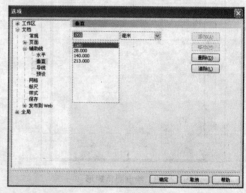

图 12.1.4 设置垂直辅助线

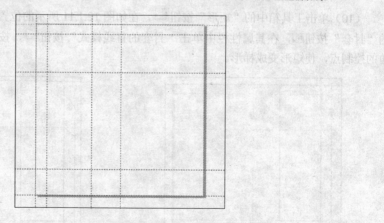

图 12.1.5 设置辅助线

（5）单击工具箱中的"矩形"按钮 □，在绘图页面绘制一个矩形，如图 12.1.6 所示。

（6）单击工具箱中的"封套"按钮 ，在其属性栏中单击"封套的直线模式"按钮 ，按住 Shift 键向下拖动左上角的控制点，使矩形变成梯形，效果如图 12.1.7 所示。

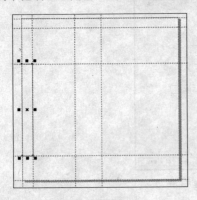

图 12.1.6　绘制矩形　　　　　　　　　　图 12.1.7　添加封套效果

（7）单击工具箱中的"矩形"按钮 ，在如图 12.1.8 所示的位置绘制圆角矩形，并设置其上边角圆滑度为 30。

（8）再次单击工具箱中的"矩形"按钮 ，在圆角矩形的下面绘制矩形，如图 12.1.9 所示。

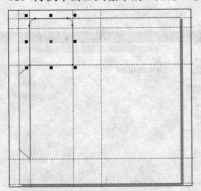
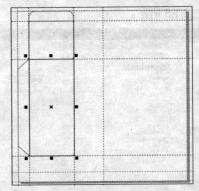

图 12.1.8　绘制圆角矩形　　　　　　　　　　图 12.1.9　绘制矩形

（9）利用鼠标在水平标尺处拖出一条辅助线，如图 12.1.10 所示。

（10）单击工具箱中的"矩形"按钮 ，在如图 12.1.11 所示的位置绘制矩形，并单击工具箱中的"封套"按钮 ，在其属性栏中单击"封套的直线模式"按钮 ，按住"Shift"键向右拖动左下角的控制点，使矩形变成梯形。

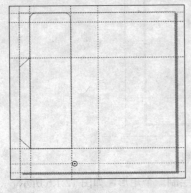
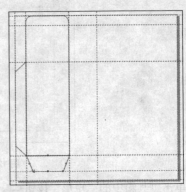

图 12.1.10　添加辅助线　　　　　　　　　　图 12.1.11　添加封套效果

（11）单击工具箱中的"矩形"按钮 ，在调整的梯形下方绘制一下圆角矩形，设置其边角圆滑度为 30，如图 12.1.12 所示。

（12）按住"Shift"键的同时，用挑选工具同时选择矩形和圆角矩形，选择菜单中 排列(A) → 造形(P) → 焊接(W) 命令，将选择的对象焊接为一个整体，如图 12.1.13 所示。

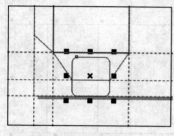

图 12.1.12　绘制圆角矩形

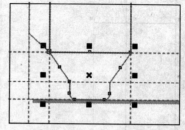

图 12.1.13　焊接对象

（13）单击工具箱中的"贝塞尔"按钮 ，为图 12.1.8 所示图形添加边界线，效果如图 12.1.14 所示。

（14）单击工具箱中的"矩形"按钮 ，绘制一个长度和图 12.1.9 所示图形一样大小的矩形，效果如图 12.1.15 所示。

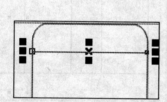

图 12.1.14　添加边界线

图 12.1.15　绘制矩形

（15）按照步骤（10）的方法，绘制一个梯形对象，如图 12.1.16 所示。

（16）按照步骤（10）的方法再绘制一个如图 12.1.11 所示的梯形对象，单击工具箱中的"形状"按钮 ，改变其节点形状，然后隐藏所有辅助线，效果如图 12.1.17 所示。

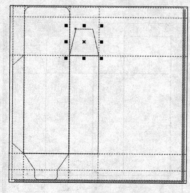

图 12.1.16　制作其他的梯形对象

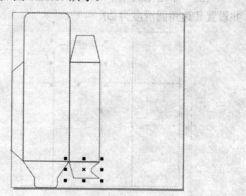

图 12.1.17　调整对象

（17）按住"Shift"键的同时，用挑选工具同时选择如图 12.1.18 所示的图形对象，向右拖动对象，到合适的位置按下鼠标右键复制对象，如图 12.1.19 所示。

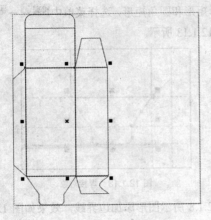

图 12.1.18　选择对象

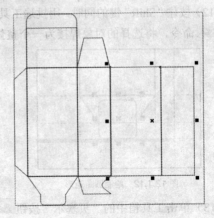

图 12.1.19　复制对象

（18）按照步骤（17）的方法复制上下两个盒盖，并在属性栏中单击"水平镜像"按钮 ，产生水平方向上的镜像效果，结果如图 12.1.20 所示。

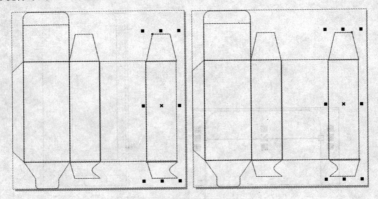

图 12.1.20　镜像效果

（19）单击工具箱中的"矩形"按钮 ，在图 12.1.21 所示的位置绘制矩形，并设置其右上边角圆滑度为 40。

（20）单击工具箱中的"矩形"按钮 ，在图 12.1.22 所示的位置绘制一大一小两个圆角矩形，并设置其边角圆滑度为 20。

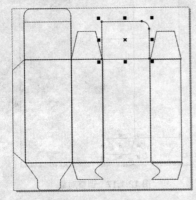

图 12.1.21　绘制圆角矩形

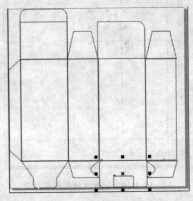

图 12.1.22　绘制圆角矩形

（21）单击工具箱中的"椭圆形"按钮，在如图 12.1.23 所示的位置绘制椭圆。

（22）按住"Shift"键的同时，用挑选工具同时选择如图 12.1.24 所示的矩形对象。

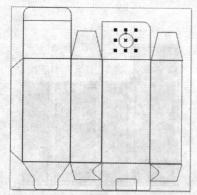

图 12.1.23　绘制椭圆

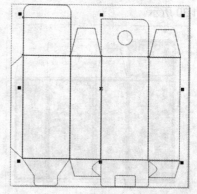

图 12.1.24　选择矩形对象

（23）单击工具箱中的"底纹"按钮，弹出 **底纹填充** 对话框，将 天空：颜色填充的 RGB 值设置为酒绿色，将 云：颜色填充的 RGB 值设置为白色，其他参数设置如图 12.1.25 所示，单击 确定 按钮，为对象填充底纹效果，如图 12.1.26 所示。

图 12.1.25　"底纹填充"对话框

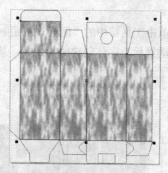

图 12.1.26　底纹填充效果

（24）单击工具箱中的"矩形"按钮，在页面合适的位置绘制一个矩形。

（25）单击工具箱中的"画笔"按钮，弹出 **轮廓笔** 对话框，调置轮廓笔的颜色为蓝色，其他参数设置如图 12.1.27 所示，单击 确定 按钮，效果如图 12.1.28 所示。

图 12.1.27　"轮廓笔"对话框

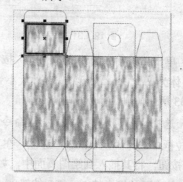

图 12.1.28　添加轮廓

（26）用步骤（24）和（25）的操作方法绘制其他四个面的蓝色轮廓作为装饰，效果如图 12.1.29 所示。

（27）选择添加轮廓的矩形对象，单击工具箱中的"渐变"按钮▉，弹出 渐变填充 对话框，为对象填充的 CMYK 值设置为（40，60，0，0）到（20，40，0，0）的渐变，单击 确定 按钮，效果如图 12.1.30 所示。

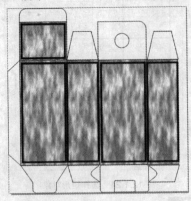

图 12.1.29 添加轮廓

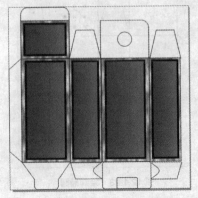

图 12.1.30 添加轮廓

（28）单击工具箱中的"文本工具"按钮 字，设置字体方向为垂直方向，在绘图页面中输入文本"小掌柜玉酒"，设置字体为 〇 隶书 ，字体大小为 100 pt ，颜色为"白色"，效果如图 12.1.31 所示。

（29）单击工具箱中的"阴影"按钮▢，设置阴影不透明度为 50，阴影羽化程度为 10，在输入的文本上拖动鼠标为字体创建阴影效果，如图 12.1.32 所示。

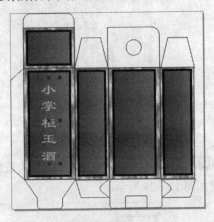

图 12.1.31 输入文本

图 12.1.32 阴影效果

（30）单击工具箱中的"文本工具"按钮 字，设置字体方向为水平方向，在绘图页面中输入文本，设置字体为 T 黑体 ，字体大小为 36 pt ，颜色为"黑色"，如图 12.1.33 所示。

图 12.1.33 输入文本

（31）选择 文本(T) → 插入符号字符(H) 命令，弹出 插入字符 泊坞窗，在 字体(F): 下拉框中选择"Webdings"选项，在其对话框中选择 〇 选项，单击 插入(I) 按钮，将其插入到绘图页面中，如图 12.1.34 所示。

（32）单击工具箱中的"画笔"按钮 ◿，弹出 轮廓笔 对话框，设置轮廓颜色 CMYK 值为（0，60，100，0），其余参数设置如图 12.1.35 所示，单击 确定 按钮，为对象添加轮廓，效果如图 12.1.36 所示。

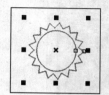

图 12.1.34 插入字符

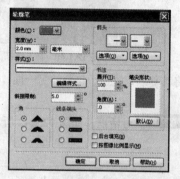

图 12.1.35 "轮廓笔"对话框

图 12.1.36 添加轮廓

（33）单击工具箱中的"椭圆形"按钮 ⊙，按住"Ctrl"键的同时在绘图页面中绘制正圆形，并单击调色板中的黄色色块，将其填充为黄色，取消其轮廓线，并放置于插入的字符下面，按"Ctrl+G"快捷键将插入的字符和绘制的圆形群组，放置于合适的位置，如图 12.1.37 所示。

（34）将图 12.1.35 所绘制的标志复制并放大，放置于合适的位置，如图 12.1.38 所示。

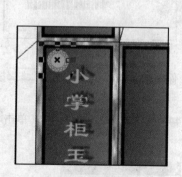

图 12.1.37 绘制正圆

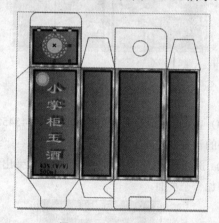

图 12.1.38 复制标志

（35）单击工具箱中的"文本工具"按钮 字，设置字体方向为水平方向，在包装的另一侧面上面输入"十年陈酿 金装上市"，下面输入"香型：浓香型配料：小麦、高粱、大米产品标准号：GB888-99生产日期：见盒盖内"，字体为 黑体 ，字体大小为 24 pt ，颜色为"黑色"，如图 12.1.39所示。

（36）选择 文本(T) → 插入符号字符(H) 命令，弹出 插入字符 泊坞窗，在 字体(F)：下拉框中选择"Webdings"选项，在其对话框中选择 选项，单击 插入(I) 按钮，将其插入到"十年陈酿 金装上市"的下面，并将其填充 CMYK 值分别为（4，25，95，0）的颜色，如图 12.1.40 所示。

图 12.1.39　输入文本

图 12.1.40　插入字符

（37）用挑选工具选择所输入的文本和图标，将其复制，放置于包装的另一面，效果如图 12.1.41 所示。

（38）选择 **编辑(E)** → **插入条形码(B)…** 命令，弹出 **条码向导** 对话框，如图 12.1.42 所示。

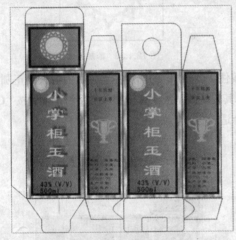

图 12.1.41　复制侧面

图 12.1.42　条码向导

（39）在 **条码向导** 对话框中输入"123434545886688"，保留缺省值，依次单击 **下一步** 按钮，完成条形码的设置，如图 12.1.43 所示。

（40）选择 **版面(L)** → **插入页(I)…** 命令，弹出如图 12.1.44 所示的 **插入页面** 对话框，单击 **确定** 按钮，增加　个页面。

图 12.1.43　插入条形码

图 12.1.44　"插入页面"对话框

（41）复制包装的正面、顶盖和侧面，将它们粘贴到新的页面，如图 12.1.45 所示。

（42）选择 效果(C) → 添加透视(P) 命令，分别为三个面添加透视变形效果，如图 12.1.46 所示。

图 12.1.45 复制对象

图 12.1.46 变形对象

（43）至此，该实例制作完成，最终效果如图 12.1.1 所示。

实例2 公司网页设计

创作目的

制作公司网页，效果如图 12.2.1 所示。本例主要用到矩形工具、文本工具、填充工具、轮廓图、阴影等工具。

图 12.2.1 效果图

创作步骤

（1）选择 文件(F) → 新建(N) 命令，新建一个 A4 文件，单击横向按钮，设置页面为横向。

（2）单击工具箱中的"矩形"按钮，在页面绘制一个矩形，如图 12.2.2 所示。

（3）选择矩形对象，依次重复执行 编辑(E) → 再制(D) 命令，复制若干矩形，如图 12.2.3 所示。

（4）选择再制的矩形，执行 排列(A) → 对齐和分布(A) → 左对齐 命令，对齐矩形，并按"Ctrl+G"快捷键群组矩形。

（5）单击工具箱中的"渐变"按钮，弹出 渐变填充 对话框，为矩形填充红色到白色的渐变效果，其余参数设置如图 12.2.4 所示，并取消其轮廓线，填充效果如图 12.2.5 所示。

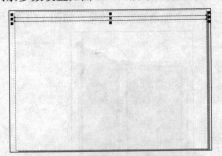

图 12.2.2　绘制矩形

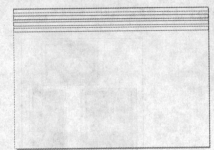

图 12.2.3　复制矩形

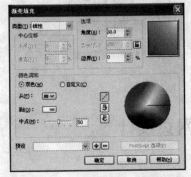

图 12.2.4　"渐变填充"对话框

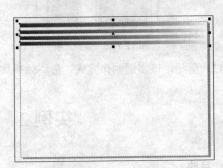

图 12.2.5　填充矩形

（6）单击工具箱中的"矩形"按钮 ▢，在如图 12.2.6 所示的位置绘制矩形。

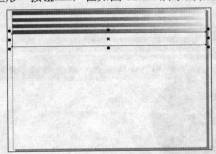

图 12.2.6　绘制矩形

（7）单击工具箱中的"渐变"按钮 ■，弹出 **渐变填充** 对话框，为矩形填充 CMYK 值为（40，0，0，0）到（0，0，20，0）的渐变效果，其余参数设置如图 12.2.7 所示，填充效果如图 12.2.8 所示。

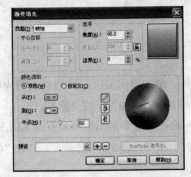

图 12.2.7　"渐变填充"对话框

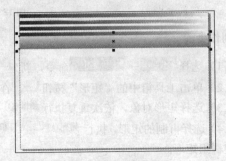

图 12.2.8　填充矩形

（8）单击工具箱中的"画笔"按钮 ，弹出 轮廓笔 对话框，设置轮廓颜色为沙黄色，其余参数设置如图 12.2.9 所示。单击 确定 按钮，为矩形添加轮廓，效果如图 12.2.10 所示。

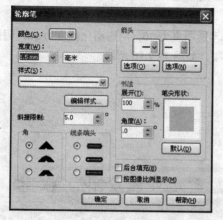

图 12.2.9　"轮廓笔"对话框

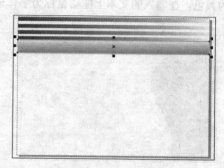

图 12.2.10　为矩形添加轮廓

（9）单击工具箱中的"贝塞尔"按钮 ，在绘图页面中拖动鼠标绘制如图 12.2.11 所示的封闭图形。

（10）单击工具箱中的"形状"按钮 ，调整轮廓的形状，如图 12.2.12 所示。

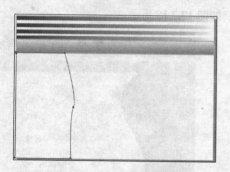

图 12.2.11　绘制封闭图形

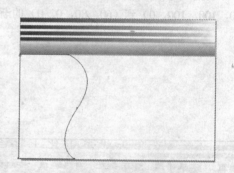

图 12.2.12　调整轮廓的形状

（11）选中所绘制的封闭图形，单击工具箱中的"颜色"按钮 ，弹出 均匀填充 对话框，参数设置如图 12.2.13 所示，填充效果如图 12.2.14 所示。

图 12.2.13　"均匀填充"对话框

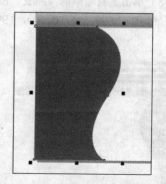

图 12.2.14　填充封闭图形

（12）单击工具箱中的"文本工具"按钮字，设置字体方向为水平方向，在页面中输入"含光实业紫金花工作室"，设置字体为 宋体，字体大小为 50 pt，颜色为"蓝色"，如图 12.2.15 所示。

（13）单击工具箱中的"阴影"按钮，设置阴影不透明度为 70，阴影羽化程度为 50，阴影颜色为黄色，在输入的文本上拖动鼠标为字体创建阴影效果，如图 12.2.16 所示。

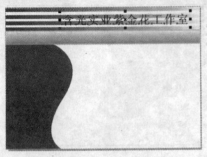

图 12.2.15　输入文本

图 12.2.16　为字体创建阴影效果

（14）单击工具箱中的"文本工具"按钮字，设置字体方向为水平方向，在页面中输入如图 12.2.17 所示的文本，字体为 隶书，字体大小为 34 pt。

（15）单击工具箱中的"渐变"按钮，弹出 渐变填充 对话框，为输入的字体填充 CMYK 值为（0，100，100，0）到（60，80，0，0）的渐变效果，如图 12.2.18 所示。

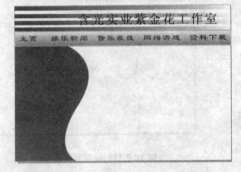

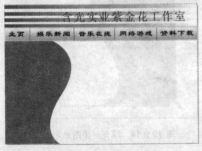

图 12.2.17　输入文本

图 12.2.18　渐变文字

（16）单击工具箱中的"手绘"按钮，在页面中绘制分割线，如图 12.2.19 所示。

（17）单击工具箱中的"椭圆形"按钮，绘制一个圆形。

（18）单击工具箱中的"渐变"按钮，弹出 渐变填充 对话框，为椭圆填充（100，100，4，0），（0，0，0，0），（99，96，0，0），（99，96，0，0）的渐变效果，如图 12.2.20 所示。

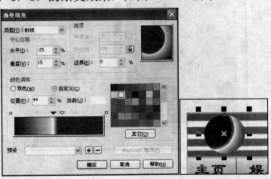

图 12.2.19　绘制分割线

图 12.2.20　填充椭圆

（19）单击工具箱中的"文本工具"按钮 字，在绘制的圆形上中输入"h"，设置字体为 O Century Gothic ，字体大小为 60 pt ，颜色为黄色，如图 12.2.21 所示。

（20）选择 文本(T) → 插入符号字符(H) 命令，弹出 插入字符 泊坞窗，在 字体(F): 下拉框中选择"Webdings"选项，在其对话框中选择 🕭 选项，单击 插入(I) 按钮，将其插入到绘图页面中，如图 12.2.22 所示。

图 12.2.21 输入文本

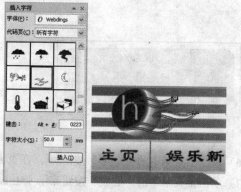

图 12.2.22 插入字符

（21）单击工具箱中的"渐变"按钮 ■，为插入的字符填充 CMYK 值为（100，0，0，0）到（0，0，0，0）的渐变效果，如图 12.2.23 所示。

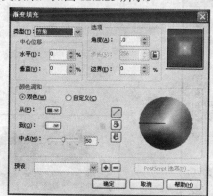

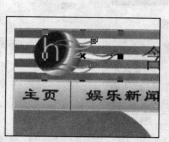

图 12.2.23 填充字符

（22）选择 文本(T) → 插入符号字符(H) 命令，弹出 插入字符 泊坞窗，在 字体(F): 下拉框中选择"Webdings"选项，在其对话框中选择 🞬 选项，单击 插入(I) 按钮，将其插入到绘图页面中，如图 12.2.24 所示。

（23）单击工具箱中的"渐变"按钮 ■，为插入的字符填充红色到黄色的渐变效果，如图 12.2.25 所示。

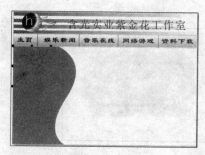

图 12.2.24 插入字符

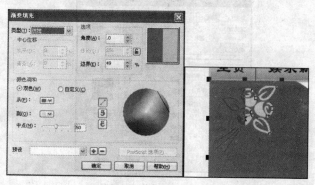

图 12.2.25 填充字符

（24）单击工具箱中的"矩形"按钮 ，在页面中绘制圆角矩形，并设置其边角圆滑度为 30，单击调色板中的桔红色色块，为矩形填充桔红色，如图 12.2.26 所示。

（25）单击工具箱中的"轮廓图"按钮 ，设置轮廓变化方式为向外，轮廓步长值为 5，轮廓图偏移为 1.54，轮廓色为白色，填充色为黄色，拖动鼠标为矩形创建轮廓图效果，如图 12.2.27 所示。

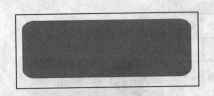

图 12.2.26　绘制并填充圆角矩形

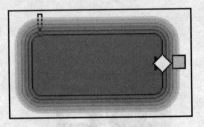

图 12.2.27　应用轮廓图效果

（26）单击工具箱中的"矩形"按钮 ，在页面中绘制圆角矩形，设置其边角圆滑度为 30。

（27）单击工具箱中的"底纹"按钮 ，弹出 底纹填充 对话框，将 色调：颜色填充的 RGB 值设置为蓝色，将 亮度：颜色填充的 RGB 值设置为白色，其他参数设置如图 12.2.28 所示。单击 确定 按钮，为对象填充底纹效果，如图 12.2.29 所示。

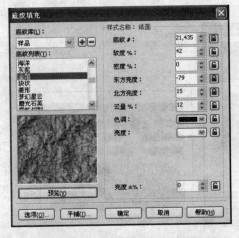

图 12.2.28　"底纹填充"对话框

图 12.2.29　底纹填充效果

（28）单击工具箱中的"画笔"按钮 ，弹出 轮廓笔 对话框，设置轮廓颜色为黑色，其余参数设置如图 12.2.30 所示。单击 确定 按钮，为矩形添加轮廓，效果如图 12.2.31 所示。

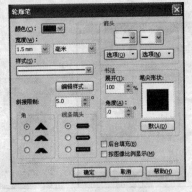

图 12.2.30　"轮廓笔"对话框

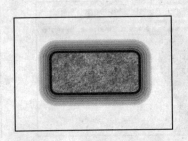

图 12.2.31　为圆角矩形添加轮廓

（29）将图 12.2.31 所制作的按钮对象用挑选工具框选，按 "Ctrl+G" 键将其群组，按下 "Shift" 键等比例缩小对象。

（30）将缩小后的对象放置于主页中，并复制对象，放置于合适的位置，效果如图 12.2.32 所示。

（31）单击工具箱中的 "文本工具" 按钮 字，分别在制作的按钮上输入 "公司简介"、"作品展示"、"联系我们"，设置字体为 $\boxed{O\ 隶书\quad\quad\vee}$，字体大小为 $\boxed{34\ pt\quad\vee}$，字体颜色为黑色，如图 12.2.33 所示。

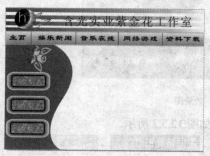

图 12.2.32　复制对象

图 12.2.33　输入文本

（32）选择 文件(F) → $\boxed{\vcenter{}\ 导入(I)\cdots}$ 命令，弹出 导入 对话框，从中选择一幅位图，单击 $\boxed{\ 导入\ }$ 按钮，将其导入到页面中，如图 12.2.34 所示。

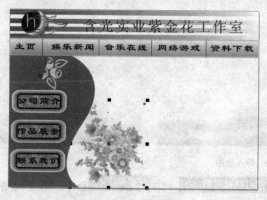

图 12.2.34　导入位图

（33）单击工具箱中的 "文本工具" 按钮 字，在页面中输出入其他的文字，最终效果如图 12.2.1 所示。

实例 3　宣传广告设计

创作目的

本例将制作宣传广告，效果如图 12.3.1 所示。本例主要用到导入命令、文本工具、填充工具、阴影、星形等工具。

创作步骤

（1）选择 文件(F) → $\boxed{\vcenter{}\ 新建(N)}$ 命令，新建一个 A4 文件，单击横向按钮 $\boxed{\ }$，设置页面为横向。

（2）双击工具箱中的 "矩形" 按钮 $\boxed{\ }$，得到一个和页面大小相等的矩形。

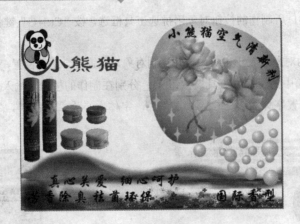

图 12.3.1 效果图

（3）按"Ctrl+I"快捷键导入一幅位图图像，如图 12.3.2 所示。

（4）用挑选工具选择位图对象，选择 效果(C) → 图框精确剪裁(W) → 放置在容器中(P)… 命令，将选中的图像放置于矩形对象中。

（5）选择 效果(C) → 图框精确剪裁(W) → 编辑内容(E) 命令，移动放置在容器中的对象的位置，增强其产生的视觉效果，效果如图 12.3.3 所示。

图 12.3.2 导入位图　　　　　　　　　　　图 12.3.3 编辑内容

（6）选择 效果(C) → 图框精确剪裁(W) → 结束编辑(F) 命令，效果如图 12.3.4 所示。

（7）单击工具箱中的"文本工具"按钮字，在页面中输入文本"小"，设置字体为 O 隶书 ，字体大小为 70 pt ，颜色为青色。

（8）选择 排列(A) → 转换为曲线(V) 命令，将输入的字体转换为曲线，单击工具箱中的"形状"按钮，将其调整为如图 12.3.5 所示的形状。

图 12.3.4 结束编辑　　　　　　　　　　　图 12.3.5 调整形状

（9）单击工具箱中的"文本工具"按钮字，在页面中输入文本"熊猫"，设置字体为 O 隶书 ，字体大小为 70 pt ，颜色为青色，如图 12.3.6 所示。

（10）按"Ctrl+I"快捷键导入一幅熊猫的图像，放置于合适的位置，如图 12.3.7 所示。

图 12.3.6　输入文本　　　　　　　　　　图 12.3.7　导入位图

（11）单击工具箱中的"手绘"按钮，绘制一个封闭图形，并单击工具箱中的"形状"按钮，
调整其形状，如图 12.3.8 所示。

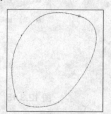
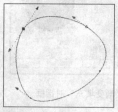

图 12.3.8　绘制并调整封闭图形

（12）单击工具箱中的"渐变"按钮，弹出"渐变填充"对话框，为封闭图形填充 CMYK 值为（100，
0，0，0）到（0，0，0，0）的渐变效果，其余参数设置如图 12.3.9 所示，填充效果如图 12.3.10 所示。

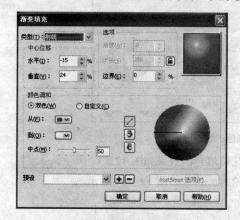

图 12.3.9　"渐变填充"对话框　　　　　　图 12.3.10　渐变填充效果

（13）单击工具箱中的"手绘"按钮，在画面上绘制出如图 12.3.11 所示的花瓣封闭图形。

（14）利用手绘工具紧接它再绘制两片花瓣，如图 12.3.12 所示。这样进行多次勾画将整朵花绘
制完成，如图 12.3.13 所示。

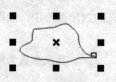
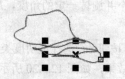

图 12.3.11　绘制的一片花瓣　　　图 12.3.12　绘制其他花瓣　　　图 12.3.13　绘制完成的花朵

（15）单击工具箱中的"渐变"按钮 ■，弹出 渐变填充 对话框，设置从红色（C：5，M：88，Y：75，K：0）到白色的渐变色，在渐变预选框中用鼠标单击来改变渐变方向，如图 12.3.14 所示。再单击 确定 按钮，如图 12.3.15 所示的效果。

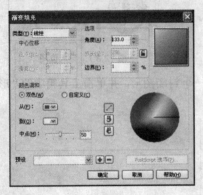

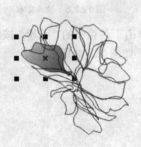

图 12.3.14 "渐变填充"对话框　　　　图 12.3.15 填充颜色的花瓣

（16）选择另一个花瓣，再在工具箱中选择渐变填充工具 ■，调整渐变方向，如图 12.3.16 所示。

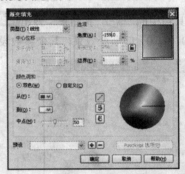

图 12.3.16 填充颜色示意图

（17）利用（15）～（16）的步骤来完成下面的花瓣填充，效果如图 12.3.17 所示。

（18）利用手绘工具绘制出叶子和花茎，取消其轮廓，效果如图 12.3.18 所示。

图 12.3.17 绘制完成的花朵　　　　图 12.3.18 绘制完成的牡丹花

（19）选中绘制的花朵，复制一个并旋转一定的角度，放置于填充的封闭图形中，如图 12.3.19 所示。

（20）单击工具箱中的"透明度"按钮 ，选择透明度类型为 射线 ，其余参数为默认参数，在绘制的花朵上拖动鼠标，创建透明效果，如图 12.3.20 所示。

图 12.3.19　复制并旋转花朵

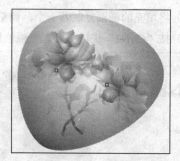

图 12.3.20　添加透明效果

（21）单击工具箱中的"文本工具"按钮 **字**，在页面中输入文本"小熊猫空气清新剂"，设置字体为 华文行楷，字体大小为 48 pt，颜色为蓝色，如图 12.3.21 所示。

小熊猫空气清新剂

图 12.3.21　输入文本

（22）单击工具箱中的"手绘工具"按钮，在页面中绘制一条曲线路径，如图 12.3.22 所示。

（23）选择输入的文本，选择 **文本(T)** → **使文本适合路径(I)** 命令，在绘制的路径上单击鼠标左键，使文本适合路径，如图 12.3.23 所示。

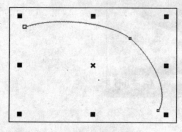

图 12.3.22　绘制曲线

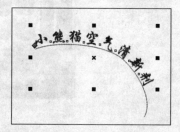

图 12.3.23　使文本适合路径

（24）选择 **排列(A)** → **拆分** 命令，将路径和文本分离，按"Del"键将路径删除，移动文本到合适的位置，如图 12.3.24 所示。

（25）单击工具箱中的"椭圆形"按钮，拖动鼠标在页面中绘制椭圆。单击工具箱中的"渐变"按钮，弹出 **渐变填充** 对话框，设置从（C：100，M：0，Y：0，K：0）到白色的渐变色，单击 **确定** 按钮，如图 12.3.25 所示的效果。

图 12.3.24　拆分路径

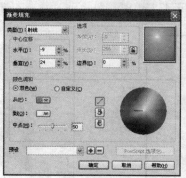

图 12.3.25　填充椭圆

（26）将填充的椭圆复制若干个，调整其大小和位置，如图 12.3.26 所示。

（27）按"Ctrl+I"快捷键导入一幅位图图像，放置于合适的位置，如图 12.3.27 所示。

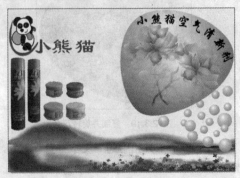

图 12.3.26　复制椭圆　　　　　　　　　　　　　　　　　图 12.3.27　导入位图

（28）单击工具箱中的"文本工具"按钮 字，在页面中输入其他文本，设置字体为
○ 华文行楷，字体大小为 48 pt，颜色为蓝色，效果如图 12.3.28 所示。

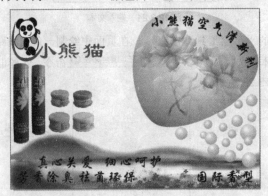

图 12.3.28　输入文本

（29）单击工具箱中的"星形"按钮 ☆，在其属性栏中设置"多边形、星形和复杂星形的点数或边数"为 ☆ 4，设置"星形和复杂星形的锐度"为 △ 53，在绘图页面中合适的位置绘制星形，为其填充颜色并删除其轮廓线，如图 12.3.29 所示。

（30）单击工具箱中的"阴影"按钮 ▢，在其属性栏中设置 预设 为 Large Glow，设置阴影的不透明度为 ♀ 96，设置阴影羽化为 ♯ 8，设置透明度操作为 正常，设置阴影颜色为黄色，在绘制的星形上拖动鼠标左键，为其添加阴影，如图 12.3.30 所示。

（31）选择 排列(A) → 拆分 命令，拆分星形和阴影，将星形移除，效果如图 12.3.31 所示。

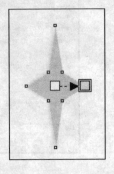

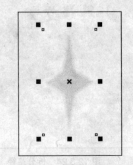

图 12.3.29　绘制星形　　　　　　图 12.3.30　为绘制的星形添加阴影　　　　　　图 12.3.31　拆分阴影并移除

（32）选择星形阴影部分，拖动鼠标全合适位置，释放鼠标左键的同时单击鼠标右键，复制若干星形，然后调整其至合适大小及位置，最终效果如图 12.3.1 所示。

实例 4　电影海报设计

创作目的

本例制作电影海报，效果如图 12.4.1 所示。本例主要用到导入命令、矩形工具、文本工具、填充工具、阴影、艺术笔等工具。

图 12.4.1　效果图

创作步骤

（1）选择 文件(F) → 新建(N) 命令，新建一个 A4 文件，单击横向按钮，设置页面为横向。

（2）选择菜单中的 工具(O) → 选项(O)… Ctrl+J 命令，弹出 选项 对话框，在左边的列表框中选择 页面，在显示的对话框中选择 显示出血区域(L) 复选框，设置出血，如图 12.4.2 所示。

（3）选择 文件(F) → 导入(I)… 命令，打开 导入 对话框，在对话框中选择需要的文件，单击 导入 按钮，将文件导入到页面中，如图 12.4.3 所示。

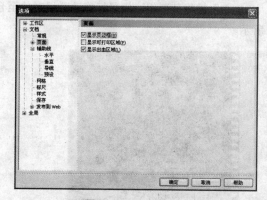

图 12.4.2　设置出血

图 12.4.3　导入位图

（4）调整导入的位图大小使其与页面大小相等，选择 效果(C) → 调整(A) → 亮度/对比度/强度(I)… 命令，弹出 亮度/对比度/强度 对话框，参数设置如图 12.4.4 所示，效果如图 12.4.5 所示。

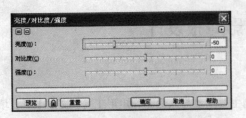

图 12.4.4　"亮度/对比度/强度"对话框　　　　　图 12.4.5　调整亮度

（5）单击工具箱中的"矩形"按钮□，在页面的左侧绘制矩形。

（6）单击工具箱中的"渐变"按钮■，弹出 渐变填充 对话框，设置从（C：0，M：20，Y：100，K：0）到白色的渐变色，其余参数设置如图 12.4.6 所示，填充效果如图 12.4.7 所示。

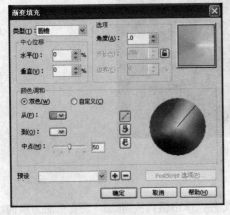

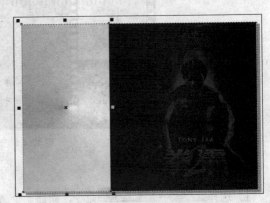

图 12.4.6　"渐变填充"对话框　　　　　图 12.4.7　渐变效果

（7）单击工具箱中的"矩形"按钮□，在页面中绘制矩形，并填充为黑色，再次利用矩形工具绘制一个矩形填充为白色，按下"Ctrl+D"键复制多个白色的矩形，将所有的白色矩形对齐，如图 12.4.8 所示。

（8）将所有的矩形对象用挑选工具框选，按"Ctrl+G"键将其群组，用鼠标拖动群组对象至合适的位置后单击鼠标右键，复制对象，如图 12.4.9 所示。

图 12.4.8　复制对象　.　　　　　图 12.4.9　复制对象

（9）单击工具箱中的"矩形"按钮□，在两个对象之间绘制两个矩形，填充为黑色，如图 12.4.10

所示。

　　（10）选择 文件(F)→ 导入(I)... 命令，打开 导入 对话框，从中选择一幅位图，导入到页面中，如图 12.4.11 所示。调整其大小与位置，如图 12.4.12 所示。

　　（11）选择 文件(F)→ 导入(I)... 命令，打开 导入 对话框，在对话框中选择需要的文件，单击 导入 按钮，将文件导入到页面中，如图 12.4.13 所示。

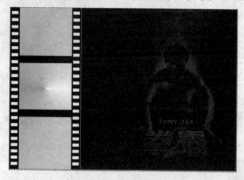

图 12.4.10　绘制矩形

图 12.4.11　导入图片

图 12.4.12　调整大小

图 12.4.13　导入位图

　　（12）选择 位图(B)→ 创造性(V)→ 茶色玻璃(D)... 命令，弹出 茶色玻璃 对话框，设置颜色为蓝色，其余参数设置如图 12.4.14 所示，效果如图 12.4.15 所示。

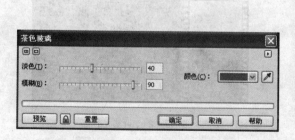

图 12.4.14　"茶色玻璃"对话框

图 12.4.15　茶色玻璃效果

　　（13）选择 位图(B)→ 创造性(V)→ 虚光(V)... 命令，弹出 虚光 对话框，参数设置如图 12.4.16 所示，效果如图 12.4.17 所示。

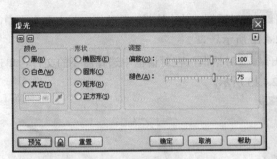

图 12.4.16 "虚光"对话框

图 12.4.17 虚光效果

（14）调整其大小与位置，如图 12.4.18 所示。

（15）选择 文件(F) → 导入(I)… 命令，打开 导入 对话框，在对话框中选择需要的文件，单击 导入 按钮，将文件导入到页面中，如图 12.4.19 所示。

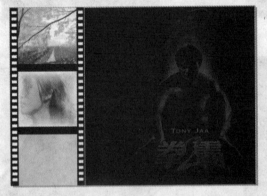

图 12.4.18 调整大小

图 12.4.19 导入图片

（16）选择 位图(B) → 创造性(V) → 虚光(V)… 命令，弹出 虚光 对话框，设置其颜色为蓝色，效果如图 12.4.20 所示。

（17）调整其大小与位置，如图 12.4.21 所示。

图 12.4.20 虚光效果

图 12.4.21 调整大小

（18）单击工具箱中的"文本工具"按钮 字，单击将文本更改为垂直方向按钮 ⊞，在页面中输入"国产大片 震撼上映"，设置字体为 O 华文行楷 ，字体大小为 60 pt ，颜色为红色，效果如图 12.4.22 所示。

（19）单击工具箱中的"阴影"接钮 ，在输入的文本上拖动鼠标，创建阴影效果，设置阴影

的不透明度为 <u>70</u>，设置阴影羽化为 <u>30</u>，设置透明度操作为 <u>正常</u>，设置阴影颜色为黄色，如图 12.4.23 所示。

图 12.4.22　输入文本

图 12.4.23　添加阴影

（20）单击工具箱中的"文本工具"按钮 <u>字</u>，单击将文本更改为水平方向按钮 <u>≡</u>，设置字体为 <u>华文行楷</u>，字体大小为 <u>22 pt</u>，在页面中输入如图 12.4.24 所示的文本。

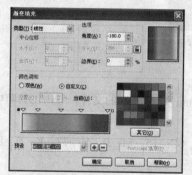

图 12.4.24　输入文本

（21）单击工具箱中的"渐变"按钮 <u>■</u>，弹出 <u>渐变填充</u> 对话框，参数设置如图 12.4.25 所示，填充效果如图 12.4.26 所示。

图 12.4.25　"渐变填充"对话框

图 12.4.26　渐变效果

（22）单击工具箱中的"艺术笔"按钮 <u>🖋</u>，设置参数如图 12.4.27 所示。在页面合适的位置拖动鼠标，添加艺术笔效果，如图 12.4.28 所示。

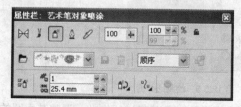

图 12.4.27　艺术笔属性栏

图 12.4.28　添加艺术笔

（23）至此，该电影海报已制作完成，最终效果如图 12.4.1 所示。

实例 5　灯箱设计

创作目的

本例制作灯箱，效果如图 12.5.1 所示。本例主要用到导入命令、矩形工具、文本工具、填充工具、阴影、艺术笔等工具。

图 12.5.1　效果图

创作步骤

（1）选择 文件(F) → 新建(N) 命令，新建一个 120 mm×240 mm 的文件，双击工具箱中的"矩形"按钮 □，创建一个和页面同等大小的矩形。

（2）单击工具箱中的"颜色"按钮 ■，为矩形填充（C：15，M：0，Y：77，K：0）的颜色，如图 12.5.2 所示。

（3）单击工具箱中的"基本形状"按钮 ，在其属性栏上的完美形状按钮 □ 上单击，在弹出的面板中选择 ◎ 形状，按住"Ctrl"键在工作区中创建一个正同心圆，如图 12.5.3 所示。

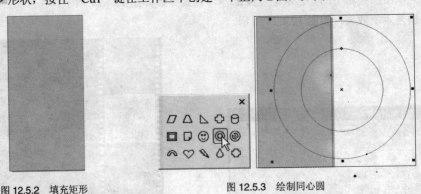

图 12.5.2　填充矩形　　　　　　图 12.5.3　绘制同心圆

（4）调整同心圆的大小及位置，并用光标按住同心圆上的红色菱形进行拖动，调整其内圆的大小，如图 12.5.4 所示。

（5）单击工具箱中的"颜色"按钮 ，为同心圆填充（C：52，M：0，Y：66，K：0）的颜色，取消其轮廓线，如图 12.5.5 所示。

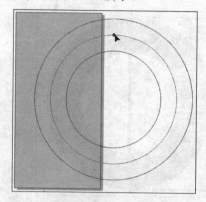

图 12.5.4 调整内圆的大小

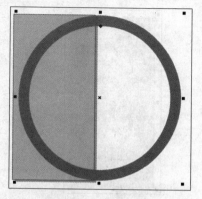

图 12.5.5 填充同心圆

（6）单击工具箱中的"透明度"按钮 ，参数设置如图 12.5.6 所示，在绘制的同心圆上拖动鼠标创建透明效果，如图 12.5.6 所示。

图 12.5.6 透明度属性栏

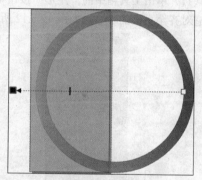

图 12.5.7 透明效果

（7）利用步骤（3）~（6）的操作方法再绘制三个同心圆，并分别填充为（C：36，M：2，Y：18，K：0），（C：47，M：11，Y：100，K：0）和（C：52，M：0，Y：17，K：0）的颜色，取消其轮廓线，如图 12.5.8 所示。

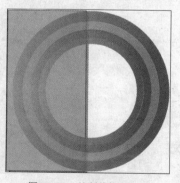

图 12.5.8 绘制其他同心圆

（8）按住"Shift"键的同时，依次选择绘制的同心圆，按"Ctrl+G"键群组。保持对象的选择状态，选择 效果(C) → 图框精确剪裁(W) → 放置在容器中(P)… 命令，将选中的同心圆置于矩形对象中，效果如图 12.5.9 所示。

（9）选择 效果(C) → 图框精确剪裁(W) → 编辑内容(E) 命令，移动放置在容器中的对象的位置，增强其产生的视觉效果，如图 12.5.10 所示。

图 12.5.9　将同心圆置于矩形中

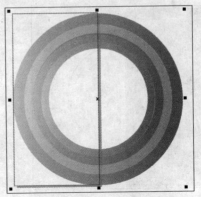

图 12.5.10　编辑对象

（10）选择 效果(C) → 图框精确剪裁(W) → 结束编辑(F) 命令，效果如图 12.5.11 所示。

（11）单击工具箱中的"矩形"按钮 □，创建一个 120 mm×150 mm 的灰色矩形，并按下"P"键使它对齐至页面的中心，如图 12.5.12 所示。

图 12.5.11　结束编辑效果

图 12.5.12　绘制矩形

（12）选择灰色矩形，在其属性栏中，取消对全部圆角的锁定后，设置此矩形的右上角和左下角的圆角值为 30，如图 12.5.13 所示。

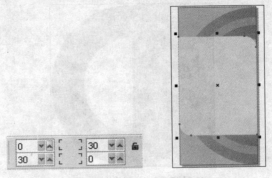

图 12.5.13　设置矩形的圆角值

（13）单击工具箱中的"椭圆形"按钮 ○，在页面中按住"Ctrl"键绘制圆形。单击工具箱中的"画笔"按钮 ○，弹出 轮廓笔 对话框，设置 颜色(C): 为（C：100，M：0，Y：0，K：0），其余参数设置如图 12.5.14 所示。单击 确定 按钮，为圆形添加轮廓，如图 12.5.15 所示。

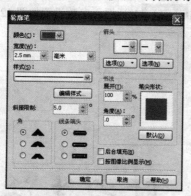

图 12.5.14 "轮廓笔"对话框

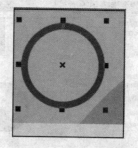

图 12.5.15 添加轮廓

（14）单击工具箱中的"文本"按钮字，单击将文本更改为水平方向按钮，在页面中输入文本"Q"，设置字体为 Courier New ，字体大小为 85 pt ，颜色为红色，如图 12.5.16 所示。

（15）单击工具箱中的"手绘"按钮，在页面中绘制直线，单击工具箱中的"画笔"按钮，弹出轮廓笔对话框，设置颜色(C)为蓝色，其余参数设置如图 12.5.17 所示。单击 确定 按钮，为直线添加轮廓。

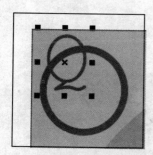

图 12.5.16 输入文本

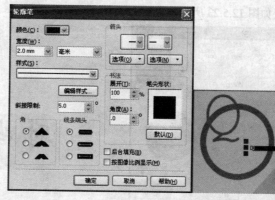

图 12.5.17 添加轮廓

（16）将绘制的直线复制两个，放置于合适的位置，如图 12.5.18 所示。

（17）单击工具箱中的"文本"按钮字，单击将文本更改为水平方向按钮，设置字体为 华文新魏 ，字体大小为 24 pt ，颜色为红色，在页面中输入文本，如图 12.5.19 所示。

图 12.5.18 复制直线

图 12.5.19 输入文本

（18）单击工具箱中的"文本"按钮字，单击将文本更改为水平方向按钮，在页面中输入"时尚生活",设置字体为 ⓞ 华文新魏 ，字体大小为 60 pt 。

（19）单击工具箱中的"渐变"按钮 ■，弹出 渐变填充 对话框，参数设置如图 12.5.20 所示。填充字体，效果如图 12.5.21 所示。

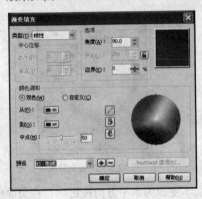

图 12.5.20　"渐变填充"对话框

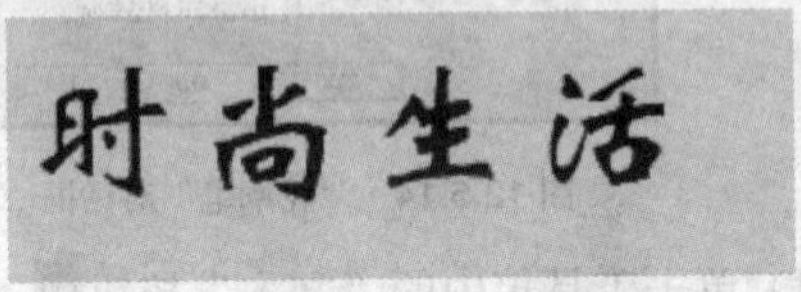

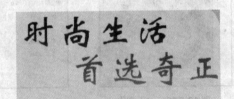

图 12.5.21　填充文本

（20）单击工具箱中的"文本"按钮 字，在页面中输入"首选奇正"，设置字体为 ⓞ 华文新魏 ，字体大小为 60 pt 。

（21）再次单击工具箱中的"渐变"按钮 ■，弹出 渐变填充 对话框，参数设置如图 12.5.22 所示。填充字体，效果如图 12.5.23 所示。

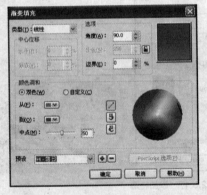

图 12.5.22　"渐变填充"对话框

图 12.5.23　填充文本

（22）单击工具箱中的"形状"按钮 ，选择文本中的"奇正"，更改字体大小为 90 pt ，如图 12.5.24 所示。

（23）选择 文件(F) → 导入(I)… 命令，打开 导入 对话框，从中选择一幅位图，导入到页面中，如图 12.5.25 所示。

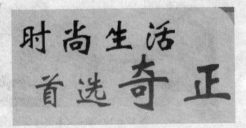

图 12.5.24　更改字体大小

图 12.5.25　导入位图

（24）选择 位图(B) → 位图颜色遮罩(M) 命令，打开 位图颜色遮罩 泊坞窗，如图 12.5.26 所示。选中 ⓞ 隐藏颜色单选按钮，在其列表框中选中要选的颜色复选框，然后单击"编辑颜色"按钮，在打开的 选择颜色 对话框中选择白色，如图 12.5.27 所示。

图 12.5.26 "位图颜色遮罩"泊坞窗   图 12.5.27 "选择颜色"对话框

（25）在 位图颜色遮罩 泊坞窗中，设置 容限：值为 4%，单击 应用 按钮，位图中的白色部分将被隐藏，变为透明的区域，如图 12.5.28 所示。

图 12.5.28 隐藏颜色

（26）复制一个显示器，单击属性栏中的"水平镜像"按钮，然后再调整其位置，效果如图 12.5.29 所示。

图 12.5.29 水平镜像

（27）单击工具箱中的"椭圆形"按钮，绘制一大一小两个椭圆，并将其一个填充为（C：24，M：0，Y：85，K：0），一个填充为（C：0，M：100，Y：0，K：0），如图 12.5.30 所示。

（28）单击工具箱中的"调和"按钮，在绘制的椭圆上拖动鼠标，创建调和效果，如图 12.5.31 所示。

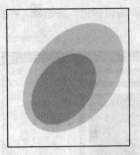

图 12.5.30　绘制椭圆

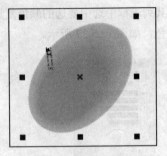

图 12.5.31　创建调和

（29）将创建的调和对象复制一个，分别放在显示器的下面，最终效果如图 12.5.1 所示。

实例 6　封面设计

创作目的

本例制作图书封面，效果如图 12.6.1 所示。本例主要用到导入命令、矩形工具、文本工具、填充工具以及交互式调和等工具。

图 12.6.1　效果图

创作步骤

（1）选择菜单栏中的 文件(F) → 新建(N) 命令，再选择 版面(L) → 页面设置(P)… 命令，在弹出的 选项 对话框中设置纸张大小为 385 mm×266 mm，单击 确定 按钮。

（2）选择菜单栏中的 工具(O) → 选项(O)… 命令，在弹出的 选项 对话框中选择辅助线为"水平"，在参数设置面板中输入"0"，然后单击 添加(A) 按钮，添加设置的水平辅助线，在参数设置面板中再依次输入"3"，"263"，"266"，如图 12.6.2 所示。

（3）根据相同的方法，设置垂直辅助线。在参数设置面板中依次输入参数"0，3，188，197，382，385"，单击 确定 按钮，在页面中添加垂直辅助线，如图 12.6.3 所示。

（4）单击工具箱中的"矩形"按钮 □，绘制一个贴齐辅助线的矩形，设置其属性栏如图 12.6.4 所示。

（5）单击工具箱中的"渐变填充"按钮 ■，设置其渐变为"酒绿到白色的渐变"，设置其他参数如图 12.6.5 所示。

图 12.6.2　"选项"对话框

图 12.6.3　设置辅助线

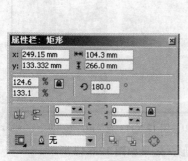

图 12.6.4　"矩形工具"属性栏

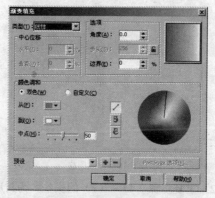

图 12.6.5　"渐变填充"对话框

（6）单击 ▊确定▊ 按钮，为图形添加颜色，去除轮廓色，调整其位置，如图 12.6.6 所示。

（7）单击工具箱中的"交互式透明"按钮 ▊ ，调整其渐变模式为"线性"，调节后效果如图 12.6.7 所示。

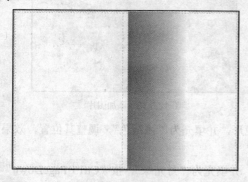

图 12.6.6　填充效果

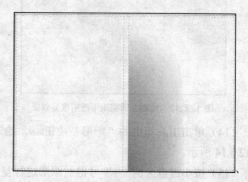

图 12.6.7　调整透明度后效果

（8）单击工具箱中的"矩形"按钮 ▊ ，绘制一个长为"83.7mm"，高为"200mm"的矩形，为图形填充与上一图形相同的渐变，并去除轮廓，如图 12.6.8 所示。

（9）单击工具箱中的"交互式透明"按钮 ▊ ，调整其渐变模式为"线性"，调节后效果如图 12.6.9 所示。

（10）选择 ▊文件(F)▊ → ▊ 导入(I)…▊ 命令，在弹出的 ▊导入▊ 对话框中选择要导入的图片，单击 ▊ 导入 ▊ 按钮，并将图片置于长矩形下层，调整其大小和位置，效果如图 12.6.10 所示。

（11）单击工具箱中的"交互式透明"按钮 ▊ ，调整其渐变模式为"线性"，调节后效果如图 12.6.11 所示。

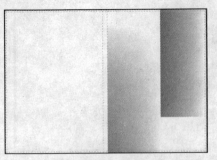

图 12.6.8　绘制矩形

图 12.6.9　调整透明度后效果

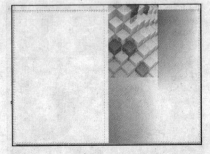

图 12.6.10　导入图片

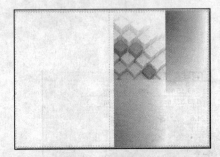

图 12.6.11　调整图片透明度

（12）重复步骤（4）～（7）的操作，为封底添加矩形，效果如图 12.6.12 所示。

（13）复制第（11）步调整后的图形，调整其位置，为封底添加图片，如图 12.6.13 所示。

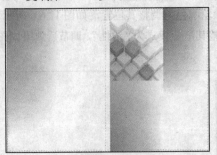

图 12.6.12　绘制并调整矩形透明度后效果

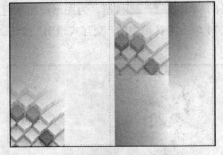

图 12.6.13　添加图片

（14）单击工具箱中的"矩形"按钮，绘制矩形，并填充为"酒绿色"，调整其位置，效果如图 12.6.14 所示。

（15）按小键盘区的"+"号键对图形进行复制，并填充为"月光绿"，按"Ctrl＋PageDown"组合键将其下移一层，按小键盘区的方位键进行微调，再复制一个填充为"马丁绿"，置于下层，调整其位置，使其效果如图 12.6.15 所示。

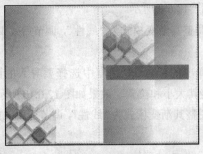

图 12.6.14　绘制矩形

图 12.6.15　复制矩形并调整其位置

（16）单击工具箱中的"文本"按钮，输入"全国计算机等级考试"，其属性栏和效果如图 12.6.16 所示。

图 12.6.16　属性栏设置及效果图

（17）单击工具箱中的"交互式投影"按钮，为文字添加投影效果，其参数设置和效果如图 12.6.17 所示。

图 12.6.17　投影参数设置及效果图

（18）单击工具箱中的"文本"按钮，输入"二级教程 C++"，其属性栏和效果如图 12.6.18 所示。

图 12.6.18　属性栏设置和效果图

（19）单击工具箱中的"矩形"按钮，绘制两个矩形，并将其填充为"酒绿色"，调整其大小和位置，效果如图 12.6.19 所示。

（20）单击工具栏中的"打开"按钮，分别打开标识、出版社名以及条形码文件，复制并调整其大小，效果如图 12.6.20 所示。

图 12.6.19　绘制两个矩形

图 12.6.20　添加图标、出版社名和条形码

（21）单击工具箱中的"文本"按钮 字，在封面合适位置输入"新科教育 编"，其属性栏和效果如图 12.6.21 所示。

图 12.6.21　添加作者

（22）单击工具箱中的"文本"按钮 字，为封底添加"责任编辑 刘婧"、"封面设计 董红"，属性栏和文字效果如图 12.6.22 所示。

图 12.6.22　属性栏和文字效果

（23）单击工具箱中的"文本"按钮 字，为封底添加文字，其属性栏和文字效果如图 12.6.23 所示。

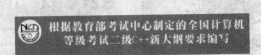

图 12.6.23　属性栏和文字效果

（24）单击工具箱中的"文本"按钮 字，为书脊添加文字"全国计算机等级考试二级教程 C++"，选择 视图(Y) → 辅助线(I) 命令，隐藏辅助线，最终效果如图 12.6.1 所示。